计算机网络与电子信息工程研究

邢玉凤　刘晓蓉　王海雁　著

西北工业大学出版社

西安

【内容简介】 本书对计算机网络基础、计算机数据通信技术、计算机网络互联技术、计算机网络接入技术、电子信息技术、信号与信息处理技术、信息安全事件监测与应急响应等方面展开详细的叙述。本书以加强实践性、提高实用性为目的,讲究知识性、系统性、条理性、连贯性,强调深入浅出,在结构上编排新颖,便于读者理解和掌握。

本书可供从事网络技术管理的工作人员及电子信息爱好者参考、阅读。

图书在版编目(CIP)数据

计算机网络与电子信息工程研究 / 邢玉凤,刘晓蓉,王海雁著 . — 西安 : 西北工业大学出版社,2023.7
ISBN 978 - 7 - 5612 - 8752 - 1

Ⅰ.①计… Ⅱ.①邢… ②刘… ③王… Ⅲ.①计算机网络 ②电子信息-信息工程 Ⅳ.①TP393 ②G203

中国版本图书馆 CIP 数据核字(2023)第 144555 号

JISUANJI WANGLUO YU DIANZI XINXI GONGCHENG YANJIU
计 算 机 网 络 与 电 子 信 息 工 程 研 究
邢玉凤 刘晓蓉 王海雁 著

责任编辑:陈 瑶		策划编辑:张 晖	
责任校对:朱晓娟		装帧设计:董晓伟	
出版发行:西北工业大学出版社			
通信地址:西安市友谊西路 127 号		邮编:710072	
电 话:(029)88491757,88493844			
网 址:www.nwpup.com			
印 刷 者:西安五星印刷有限公司			
开 本:787 mm×1 092 mm	1/16		
印 张:10.125			
字 数:240 千字			
版 次:2023 年 7 月第 1 版	2023 年 7 月第 1 次印刷		
书 号:ISBN 978 - 7 - 5612 - 8752 - 1			
定 价:58.00 元			

前　　言

　　计算机网络是通信技术和计算机技术相结合的产物。计算机网络遵循网络协议,并按照要求将分散、独立的计算机通过通信线路连接起来,进行信息和数据的传递、交互,可实现硬件、软件和数据资源共享。而资源共享从一定程度上加快了社会各领域自动化的发展。

　　电子信息工程是一种应用计算机网络技术和计算机软件技术的工程,主要是应用计算机等现代化技术对电子信息进行控制和处理,在通信、科研和国防等很多领域有着广泛的应用。人们在现实生活中,也离不开电子信息工程,如手机对声音的传递、电脑对图像和声音的处理等,电子信号早已渗透到生活中的各个领域。随着社会各个行业、各个领域信息处理的普及,信息资源的重要程度显著提高,电子信息工程的优势也更明显。

　　基于此,本书就计算机网络与电子信息工程展开全面论述,主要内容包括计算机网络基础、计算机数据通信技术、计算机网络互联技术、计算机网络接入技术、电子信息技术、信号与信息处理技术、信息安全事件监测与应急响应等。

　　本书编写分工如下:邢玉凤编写第三章、第四章,刘晓容编写第一章、第二章,王海雁编写第五章~第七章,全书由邢玉凤负责统稿。

　　在编写本书的过程中参考了相关文献、资料,在此,谨向其作者深表谢意。

　　由于水平有限,相关研究有待进一步深化,望广大读者批评指正。

著　者

2023 年 1 月

目　　录

第一章 计算机网络基础

第一节 计算机网络概述

计算机网络是计算机技术与通信技术逐步发展、紧密结合的产物,是信息社会的基础设施,是信息交换、资源共享和分布式应用的重要手段。随着信息社会的发展和计算机网络技术的更新,计算机网络已经渗透到社会生活的各个方面,并且不断地改变着人们的思想观念、工作模式和生活方式。信息基础设施和网络化程度已成为衡量一个国家现代化水平的重要标志。

一、网络的基本概念

计算机网络是为满足应用的需要而发展起来的。从本质上说,它以资源共享为主要目的,即发挥分散的、各不相连的计算机之间的协同工作能力。因此,对计算机网络可作如下定义:将地理位置不同、具有独立工作能力的多个计算机系统,通过通信设备和线路连接起来,并由功能完善的网络软件(网络协议、信息交换方式及网络操作系统等)实现资源共享、信息交换或协同工作的计算机系统,称为计算机网络。计算机网络系统将若干台计算机、打印机和其他外部设备互联成一个整体。连接在网络中的计算机、外部设备和通信控制设备等称为网络节点。

计算机网络涉及通信和计算机两个领域,通信技术与计算机技术的结合是计算机网络产生的基本条件。一方面,通信技术为计算机之间的数据传递和交换提供了必要手段;另一方面,计算机技术的发展应用到通信技术中,又提高了通信网络的各种性能。

二、网络的组成

计算机网络具有数据处理和数据通信两种能力。从用户角度出发,计算机网络可以看成是一个透明的数据通信机构,用户在访问网络中的资源时不必考虑网络的存在。从网络逻辑功能来看,可以将计算机网络分成通信子网和资源子网两部分。

1. 通信子网

计算机网络系统以通信子网为中心。通信子网处于网络的内层,由网络中的通信控制处理机、其他通信设备、通信线路和只用作信息交换的计算机组成。通信子网负责完成网络数据传输和转发等通信处理任务。当前的通信子网一般由网卡、通信线路、集线器、网桥、交换机、路由器等设备和相关软件组成。

2.资源子网

资源子网处于网络的外围,由主机系统、终端、终端控制器、外部设备、各种软件资源与信息资源组成。资源子网负责全网的数据处理业务,向网络用户提供各种网络资源和网络服务。主机系统是资源子网的主要组成部分,它通过高速通信线路与通信子网的通信控制处理机相互连接,普通用户终端可通过主机系统连接入网。

随着计算机网络技术的不断发展,在现代网络系统中,直接使用主机系统的用户在减少,资源子网的概念已有所变化。

三、网络的分类

计算机网络是非常复杂的系统,有多种多样的划分方法,不同类型的网络在性能、结构、用途等方面是有区别的。事实上,这些不同的分类方法对于网络本身并无实质的意义,只是反映人们研究网络的不同角度。从不同的角度划分网络系统、观察网络系统,有助于全面了解网络系统的特性。

(一)按网络的覆盖范围进行分类

按网络的覆盖范围,通常将网络划分为局域网(LAN)、城域网(MAN)和广域网(WAN)。按覆盖范围划分是最常见的网络划分方式。

1.局域网

局域网又称局部区域网,是目前网络技术发展最快的领域之一。局域网一般用微型计算机通过高速通信线路相连,覆盖范围为几百米到几千米,通常用于连接一个实验室、一幢或几幢大楼。局域网的规模相对于城域网和广域网而言较小。在局域网内数据传输速率较高。目前局域网最快传输速率可达到 10 Gbit/s,传输可靠性好、误码率低(在 $10^{-7} \sim 10^{-12}$ 之间),网络结构简单、配置灵活、容易实现。局域网协议标准是美国电气与电子工程师学会(IEEE)制定的 IEEE802 系列标准。根据采用的技术和协议标准的不同,局域网可分为共享式局域网与交换式局域网。

2.城域网

城域网所覆盖的地域范围介于局域网和广域网之间,一般从几十千米到几百千米。城域网通常使用高速光纤网络,在一个特定的范围内(例如校园、社区或城市)将不同的局域网连接起来,构成一个覆盖该区域的网络,其传输速率比局域网高。

3.广域网

广域网又称远程网。广域网的作用范围通常为几十千米到几千千米,覆盖一个地区、国家甚至横跨全球,形成国际性的网络。广域网的通信子网主要使用分组交换技术,通过使用公用分组交换网、卫星通信网和无线分组网,以适应大容量、突发性的通信需求。广域网常常借用传统的公共传输网(如电话网)进行通信,可以实现较大范围内的资源共享,但同时广域网的数据传输率比局域网慢,传输错误率也较高。随着新的光纤标准和能够提供更宽和更快传输率的全球光纤通信网络的引入,广域网的数据传输率也将大大提高。

(二)按网络的交换方式进行分类

按网络的交换方式进行分类,计算机网络可分为电路交换网、报文交换网和分组交换网。

1.电路交换网

电路交换与传统的电话转接非常相似,即在两台计算机开始通信时,必须申请建立一条从发送端到接收端的物理传送路径。在通信过程中自始至终使用这条线路进行信息传输,直至传输完毕。通常不可能在任意两台计算机之间铺设一条线路,所以当多对计算机之间同时要求通信时,电路交换方式这种独占信道的特性使线路的利用率不能得到有效发挥,经常造成"拥塞"。

2.报文交换网

报文交换网是发送站以报文为单位进随着计算机功能的增强,转接交换机由过去公共电话网的机械设备变为具有存储功能的程控设备。通信开始时,发送端计算机发出的报文被存储在交换机中,交换机根据报文的目的地址选择合适的路径发送。因此,报文交换方式也称为"存储-转发"方式。

3.分组交换网

通常一个报文包含的数据量较大,转接交换机需要有较大容量的存储设备,而且需要的线路空闲时间也较长,实时性差。因此,在报文交换的基础上又提出了分组交换。在分组交换方式中,发送端先将数据划分为一个个等长的单位(即分组),这些分组逐个由各中间节点采用"存储—转发"方式进行传输,最终到达接收端并由接收端把收到的分组再拼装成一个完整的报文。由于分组长度有限而且统一,分组可以在中间节点的内存中进行存储处理,其转发速度大大提高。

(三)按网络的用途进行分类

按网络的用途,计算机网络可分为公用网和专用网。

1.公用网

公用网也称公众网或公共网,是指为公众提供公共网络服务的网络。公用网一般由国家电信公司出资建造,并由国家政府电信部门进行管理和控制,网络内的传输和转接装置可提供给任何部门和单位使用(须交纳相应费用)。公用网属于国家基础设施。

2.专用网

专用网是指政府部门或公司组建经营的,仅供本部门或单位使用,不向本单位以外的人提供服务的网络。例如军队、民航、铁路、电力、银行等系统均有其内部的专用网。一般较大范围内的专用网需要租用电信部门的传输线路。

（四）按网络的连接范围进行分类

按网络的连接范围，计算机网络可分为互联网、内联网和外联网。

1. 互联网

互联网是将各种网络互联起来形成的一个大系统。在该系统中，任何一个用户都可以使用网络的线路或资源。目前，互联网已经发展到全球范围，包含成千上万个相互协作的组织及网络，并仍以惊人的速度发展着。

2. 内联网

内联网是基于互联网的传输控制协议/网际协议（TCP/IP），使用万维网（WWW）工具，采用防止入侵的安全措施，为企业内部服务，并有连接互联网功能的企业内部网络。内联网是根据企业内部的需求而设置的，它的规模和功能根据企业经营和发展的需求而确定。可以说，内联网是互联网的更小版本。

3. 外联网

外联网是基于互联网的安全专用网络，其目的在于利用互联网把企业和其贸易伙伴的内联网安全地互联起来，实现信息资源共享。从技术角度讲，外联网是在保证信息安全的同时扩大访问范围的网络；从企业角度讲，外联网是将企业及其供应商、销售商、客户联系在一起的合作网络。

（五）按拓扑结构进行分类

根据计算机网络拓扑结构来划分，计算机网络可以分为星形、总线形、环形、树形和网状等多种类型网络。按照拓扑结构分类是对计算机网络进行分类的一种非常重要的方法。

除了上述常见的网络划分外，计算机网络还有以下分类方法：按链路采用的传输介质分为有线网络和无线网络；按网络的信道带宽分为窄带网、宽带网和超宽带网；按工作原理分为以太网、令牌环网、FDDI（光纤分布式数据接口）网、ATM（异步传输模式）网；按网络的通信传播方式分为点对点网络和广播式网络等。

四、网络的主要功能

以资源共享为目标组建起来的计算机网络，一般具有如下几个重要功能。

（一）资源共享

计算机网络最主要的功能是实现网络资源共享。资源共享对信息化建设具有重要意义。从系统投入方面考虑，网络用户可以共享计算机网络中的硬件资源，如打印机、扫描仪等，这对节省硬件设备费用意义重大。另外，由于现代社会产生的信息量越来越大，单台计算机的存储和处理能力远远不够,将这项任务分摊给网络上的不同计算机是一种有效的解决方案。特别是计算机软件是人类社会的共同财富,有大量的软件是可以免费共享的,网络中的任何计算机都可以共享这些资源。

资源共享不仅使网络用户可以克服地理位置上的差异,共享网络中的资源,为用户提供极大的方便,而且能有效地提高网络资源的利用率。

(二)数据通信

网络中的计算机与计算机之间可以交换各种数据和信息,并根据需要对这些信息进行分类或集中处理,这是计算机网络提供的最基本的数据通信功能。数据通信可实现信息的快捷交流,如电子邮件、电子商务、远程教育、远程医疗等,这在当今的信息化时代显得尤其重要。

(三)均衡负荷

利用计算机网络技术,在网络操作系统的调度和管理下,当某个主机系统的负担过重时,可以将某些任务通过网络转移至负荷较轻的主机系统去处理,以便均衡负荷,减轻局部负担,提高设备和系统的利用率,增加整个系统的可用性。

(四)分布式处理

网络技术的发展,使分布式计算与处理成为可能。对于综合性的大型问题,可以采用适当的算法,将任务分配给网络中的多台计算机,由这些计算机分工协作来完成,如分布式数据库系统。此外,利用计算机网络技术还可以把许多小型机或微机连接成具有大型机处理能力的高性能计算机系统,使其有解决复杂问题的能力,如网格计算技术等。

(五)提高系统的可靠性

在一个单机系统中,当某个部件发生故障时,必须通过替换资源的办法来维持系统的继续运行,否则系统便无法开展正常的工作。而在计算机网络中,由于设备彼此相连,当一台机器出现故障时,可以通过网络寻找其他机器来代替本机工作。另外,每种资源(尤其是程序和数据)可以存放在多个地点,用户可以通过多种途径来访问网内的某个资源,从而避免单机失效对用户产生的影响。因此,比起单机系统,计算机网络系统的可靠性大为提高。

事实上,从应用角度讲,计算机网络还有许多其他功能。随着网络技术的不断发展,各种网络应用层出不穷,并逐渐深入社会的各个领域及人们的日常生活中,改变人们的工作、学习、生活乃至思维方式。

五、网络的拓扑结构

拓扑结构是决定通信网络性质的关键要素之一。"拓扑"一词来源于拓扑学,拓扑学是几何学的一个分支,它把实体抽象成与其大小、形状无关的点,将点到点之间的连接抽象成线段,进而研究它们之间的关系。计算机网络也借用这种方法来描述网络节点之间的连接方式。具体而言,就是将网络中的计算机和通信设备抽象成节点,将节点与节点之间的通信线路抽象成链路。这样整个计算机网络的物理结构被抽象成由一组节点和若干链路组成的几何图形。这种计算机网络物理结构的图形化表示方法被称为计算机网络拓扑结构，或称网络结构。计算机网络拓扑结构是组建各种网络的基础，不同的网络拓扑结构涉及不同的网络技术，对网络的设计、性能、可靠性和通信费用等方面都有重要的影响。

计算机网络的拓扑结构，按通信系统的传输方式可分成两大类：点对点传输结构和广播传输结构。

(一)点对点传输结构

所谓点对点传输，就是"存储-转发"传输。每条物理线路连接一对节点，没有直接链路的两节点之间必须经其他节点转发才能通信。点对点传输结构主要用于城域网和广域网，网络的拓扑结构有星形、树形、环形和网状。

1.星形结构

星形结构以一台计算机为中心机，并用单独的线路使中心机与其他各节点相连，任何两节点之间的数据传输都要经过中心机的控制和转发。中心机控制着全网的通信，故中心机的可靠性是至关重要的，它的故障可能会导致整个网络瘫痪。星形结构的优点是：拓扑结构简单，易于组建和管理，对外围节点要求不高；增加节点时成本低；节点故障容易检测和隔离，单个站点的故障只影响一个设备，不会影响全网。以集线器为中心的局域网是一种最常见的星形拓扑结构网络。

2.树形结构

树形结构是一种分级结构，节点按层次进行连接。全网有一个顶层的节点(根节点)，其余节点按上、下层次进行连接，数据传输主要在上、下层节点之间进行，同层节点之间数据传输时要经上层转发。这种结构的优点是灵活性好，通信线路连接简单，网络管理软件也不复杂，维护方便；根节点具有统管整个网络的能力，而且可以逐层次扩展网络。其缺点是资源共享能力差，可靠性低。若某一个子节点出故障，则与该子节点连接的终端均不能工作。

3.环形结构

在环形结构中，网络各节点通过环路接口连接到一条首尾相连的闭环通信线路中，任意两个节点之间的通信必须通过环路。该环路是共用的，单条环路只能进行单向通信。环路中各节点的地位和作用是相同的，因此容易实现分布式控制。环形拓扑结构的优点是传输控制机制较为简单，传输速率高，网络最大传输时延固定，实时性强。其缺点是可靠性差，当环路上的一个节点出现故障时就会造成整个网络的瘫痪。在某些网络中为了提高可靠性采用了双环结构，一旦节点出现故障，就自动启动备份环工作。因此，双环的可靠性明显优于单环。环形结构因其独特的优势，被广泛地应用在分布式处理中。

4.网状结构

网状结构又称分布式结构，是由分布在不同地点的多个节点相互连接而成的。网状结构无严格的节点规定和构形,节点之间有多条线路可供选择,当某一线路或节点故障时不会影响整个网络的工作,具有较高的可靠性,而且资源共享方便,数据传输快。由于各个节点通常和其他多个节点相连,且节点都具有路由选择和流量控制的功能,因此网络管理软件比较复杂,硬件成本较高。一般情况下,网状结构常用于广域网中,可在广域网的主要节点之间实现高速通信,在局域网中很少采用这种结构。

(二)广播式传输结构

在广播式传输结构中,多个网络节点共享一个公共的传输介质。这样,任何一个计算机向网络系统发送信息时,连接在这个公共的传输介质上的所有计算机均可以接收到,因而这种方式又称为共享短路的拓扑结构。广播式传输结构主要有总线型、无线型和卫星通信型等网络结构。

1.总线型

在总线型结构中,网络中所有节点连接到一条共享的传输介质上,所有节点都通过这条传输介质来发送和接收数据。任意一个节点发送的数据都能被传输介质上的所有节点接收到,这条传输介质就称为总线。

由于共用同一条传输介质,必须有一种介质访问控制方法,使任一时刻只允许一个节点使用链路发送数据,而其余的节点只能"收听"数据。以太网即是一个典型的总线型拓扑结构,采用的介质访问控制方法叫作带冲突检测的载波监听多路访问(CSMA/CD)控制机制。在这种结构中,节点的插入或拆卸是非常方便的,易于网络的扩充。另外,网络上的某个节点发生故障时,对整个系统的影响很小,所以网络的可靠性较高。

2.无线型

无线型拓扑的主要特点是采用同一频率的无线电波作为公用链路,网络中的各节点均通过广播的方式发送数据。

3.卫星通信型

在卫星通信型拓扑结构中,网络中的卫星是所有数据的转发中心。当一个节点需要给另一节点发送数据时,发送节点将数据发送给卫星,再由卫星中转给接收节点。值得注意的是,近年来卫星通信技术有了很大的发展,利用卫星通信来组成广域网,并且实现国家与国家的互联,是未来全球网络发展的重要技术手段。

第二节 计算机网络的硬件与软件

一、网络硬件

网络硬件是组成计算机网络系统的物质基础。构造一个计算机网络系统,首先要将计算机及其附属硬件设备与网络中的其他计算机系统连接起来。不同的计算机网络系统,所用的网络硬件差别很大。随着计算机技术和网络技术的发展,网络硬件日趋多样化,结构越来越复杂化,功能越来越强。在计算机网络的组建过程中,网络硬件基本上分为六大类,分别是传输媒体、服务器与工作站、网卡、传输与交换设备、通信控制设备和网络互联设备。

(一)传输媒体

传输媒体也称传输介质或传输媒介,它负责将计算机网络中的多种设备连接起来,提供数据传输的物理通路。常见的传输媒体可分为两大类:有线传输媒体和无线传输媒体。有线传输媒体包括双绞线、同轴电缆和光纤等;而无线传输媒体包括无线电波、微波、电磁波、红外线及激光等。不同的传输媒体具有不同的传输速率和传输距离,可以支持不同类型的网络。传输媒体的选择极大地影响着数据通信的质量。下面介绍几种常见的通信媒体。

1．有线传输媒体

(1)双绞线。双绞线也称双扭线,是最常用的传输媒体。把一对相互绝缘的铜线按一定长短相互绞合在一起就构成了双绞线(成对铜线有规则地扭绞能使电磁辐射和外部电磁干扰减少到最小),每根线的绝缘层用不同颜色来标记。双绞线分为屏蔽双绞线(STP)和非屏蔽双绞线(UTP)两种。外层无金属屏蔽的双绞线称为非屏蔽双绞线,外层加上金属屏蔽层以提高其抗电磁干扰能力的双绞线称为屏蔽双绞线。双绞线的特点是可用于模拟传输或数字传输,使用方便,安装容易,成本低、性能好;但在传输距离、传输速度等方面受到一定的限制。双绞线具有较好的性价比,使用十分广泛。

双绞线按电气性能分为三类、四类、五类、超五类等类型。类型数字越大,带宽越高,价格也越贵。目前一般局域网中常用的是五类或超五类双绞线。双绞线的两端必须装上RJ45连接器才能与网卡、集线器或交换机连接。

(2)同轴电缆。同轴电缆共4层,内里为一根内导体铜质芯线,外面依次有绝缘体、网状编织的外导体屏蔽层和塑料护套。导线与导体管之间严格保持同心,因此被称为同轴电缆。按电缆的结构和用途分类,同轴电缆可分为射频电缆、水底电缆、长途通信电缆、闭路电视电缆以及计算机局域网电缆等。同轴电缆的基本特点是传输质量稳定、寿命长、通信容量大、传输距离长、抗干扰能力强、可靠性高和维护方便等,在有线传输中使用十分广泛。

同轴电缆按其阻抗特性可分为两类:50Ω同轴电缆和75Ω同轴电缆。50Ω同轴电缆也称基带同轴电缆,适合于在数据通信中传输基带数字信号,计算机局域网中广泛使用50Ω同轴电缆作为物理传输媒体。75Ω同轴电缆也称宽带同轴电缆,主要用于模拟传输系统,宽带同轴电缆还是有线电视系统(CATV)的标准传输电线。

(3)光纤。光纤即光导纤维,采用非常细、透明度较高、可弯曲的石英玻璃纤维作为纤芯,外涂一层低折射率的包层和护套。纤芯很细,其直径只有 $8\sim100~\mu m$,用来传导光波(由激光二极管或发光二极管产生)。包层较纤芯有较低的折射率。当光线从高折射率的媒体射向低折射率的媒体时,其折射角将大于入射角,就可产生反射,这样光线就可以在光纤中传播。护套由分层的塑料及其附属物材料制成,用于防止潮湿、擦伤、压伤和其他环境引起的伤害。

根据光线从光源进入导体后的直射和反射两种不同的传输方式,光纤可分为单模光纤和多模光纤。单模光纤的直径小到只有一个光的波长,光波以直线方式传输,不会产生多次反射。单模光纤的纤芯很细,其直径只有几微米,制造起来成本较高,但单模光纤的衰耗较小,适合于远距离传输。多模光纤存在着许多条不同角度入射的光线,这些光线在一条光纤中传输。光脉冲在多模光纤中传输时会逐渐展宽,造成失真,因此多模光纤只适合于近距离传输。

与双绞线和同轴电缆相比,光纤在数据通信过程中有很多优点:传输频带宽、通信容量大;差错率低、传输损耗小、中继距离长;抗雷电和抗电磁干扰性能强;无串音干扰,不易被窃听、截取,保密性好;体积小、重量轻等。作为一种新型传输媒体,光纤将在计算机网络中发挥越来越重要的作用。

2. 无线传输媒体

无线传输媒体利用大气的电磁波传输信号,信号的发送和接收是通过天线完成的,常用在有线铺设不便的特殊地理环境,或者作为地面通信系统的备份和补充。另外,利用无线传输媒体进行信息的传输,也是实现在运动中通信的唯一手段。

无线传输媒体主要有无线电波、微波、电磁波、红外线及激光。

(1)无线电波。无线电波是一种全方位传播的电波。其传播方式有两种:一是直接传播,即沿地面向四周传播;二是靠大气层中电离层的反射进行传播。

(2)微波。微波是一种定向传播的电波,收发双方的天线必须相对应才能收发信息,即发端的天线要对准收端,收端的天线要对准发端。

(3)电磁波。卫星通信是典型的电磁波技术应用。利用同步卫星,可以进行远距离的传输。收发双方都必须安装卫星接收及发射设备,且收发方的天线都必须对准卫星,否则不能收发信息。

(4)红外线。红外线被广泛用于室内短距离通信。电视机及音响设备的遥控器就是利用红外线技术进行遥控的,红外线也具有方向性。

(5)激光。除了光纤,激光束也可在空气中传输数据。和微波通信一样,采用激光通信至少要有两个激光站点,每个站点都拥有发送信息和接收信息的能力。激光设备通常安装在固定位置,并且天线相互对应。由于激光束能在很长的距离上聚焦,所以激光的传输距离很远,能传输几十千米到几百千米。

(二)服务器与工作站

网络中互联起来的计算机和各种辅助设备,根据其在网络中的"服务"特性,可分为网络服务器和网络工作站。

1. 网络服务器

网络服务器指的是在计算机网络中负责数据处理和网络控制,并能响应其他计算机的请求而提供服务,使其他计算机能共享系统资源的一些计算机或设备。服务器是网络运行、管理和提供服务的中枢,是网络系统的重要组成部分,直接影响着网络的整体性能。因而对服务器在处理能力、稳定性、可靠性、安全性、可扩展性、可管理性等方面要求更高,一般采用具有较强的计算能力和较大的存储能力的高性能计算机做服务器。如在大型网络中可采用大型机、中型机和小型机作为网络服务器。对于网点不多、网络通信量不大、数据的安全可靠性要求不高的网络,也可以选用高性能微机作为网络服务器。

服务器按用途大致分为文件服务器、设备服务器、通信服务器、管理服务器和数据库服务器等。

2. 网络工作站

在计算机网络中,只向服务器提出请求而不为其他计算机提供服务的计算机设备称为工作站。工作站通过网络接口设备连接到网络上,每台工作站不仅保持了原有计算机的功能,作为独立的个人计算机为用户服务,同时又可以按照被授予的权限访问服务器,共享网络资源。一般采用高性能计算机做工作站,它通常配有高分辨率的大屏幕显示器以及容量较大的内存和外存,并且具有较强的信息处理功能和高性能的图形、图像处理功能及联网功能。

工作站通过运行启动程序与网络相连,登录到文件服务器上,它可以参与网络的一切活动。当退出网络时,工作站又可以作为一台标准的计算机使用。服务器和工作站在进入和退出网络时有明显区别。工作站可以随时进入和退出网络系统,且不影响其他工作站的工作,而服务器必须在网络需要时进入网络,而且只要网络中有工作站未退出网络还在工作,服务器就不能退出网络系统。

(三)网卡

网络接口卡(NIC)又称网络适配器(NAC),简称网卡。网卡是计算机互联的重要设备,是工作站与网络之间的逻辑链路和物理链路,通常插到计算机总线插槽内或某个外部接口的扩展卡上,其作用是在工作站与网络之间提供数据传输、进行编码译码转换等。

网卡的基本功能是进行串/并行数据及并/串行数据转换、数据缓存、数据传输控制及通信服务等。网卡按总线类型分为 ISA(工业标准体系结构)、EISA(扩展工业标准结构)、PCI(外部设备互连标准)、MCA(微通道体系结构)、SBUS(串行通信总线)等,按媒体访问协议分为 Ethernet(以太网)、ARCnet、Token Ring(令牌环网)、FDDR(光纤分布式接口)、ATM(异步传输模式)、Fast Ethemet(快速以太网)网卡等。

(四)传输与交换设备

1. 多路复用器和集中器

当一群终端设备距离计算机较远时,为了提高线路的利用率而把这些终端集结起来,使这些低速终端复用到高速传输线路上,常见的设备有多路复用器和集中器。

多路复用器可将信息群只用一个发射机和接收机进行长距离的传输。多路复用器分为频分多路复用器(FDM,模拟信号)和时分多路复用器(TDM,数字信号)。

集中器对各终端发来的信息进行组织,不工作的终端不占用信道。集中器按有无字符集的缓冲能力可划分为保持转发式和线路交换式。

2.调制解调器

调制解调器是调制器和解调器的简称,是通过电话拨号接入 Internet(互联网)的必备设备,俗称"猫"。调制解调器是实现计算机通信的外部设备,其主要功能是实现数字信号与模拟信号之间的转换。

调制解调器种类繁多,性能各异。调制解调器按速度可分为低速、中速、高速;按调制方法可分为频移键控、相移键控、幅移键控;按与计算机连接方式可分为内置式、外置式和 PC(个人计算机)卡式三类。另外还有一类调制解调器称为 ADSL(不对称数字用户线)调制解调器,主要用于通过 ADSL 方式接入互联网中。

(五)通信控制设备

通信控制设备是通信子网的主要设备,用来管理通信功能。虽然不同网络体系结构中的通信控制设备种类各异,名称也有所不同,但主要功能基本上是一致的。

(1)线路控制。实现通信线路的连接、释放以及对数据传输的路由选择。

(2)传输控制。传输控制包括数据加工、报文存储和转发、流量控制以及实现传输控制的各种规程。

(3)差错控制及终端控制等。常用的通信控制设备主要分为通信控制器(CC)、线路控制器(LC)、通信处理机(CP)等设备。

(六)网络互联设备

网络互联设备是计算机网络的重要组成部分,用于将主机连成网络,也用于将不同的网络互联起来,扩展网络的规模。中继器、网桥、路由器和网关是四种最基本的网络互联设备,在实际组网中,还用到集线器、无线接入点(AP)和交换机等组网设备,它们属于某种基本网络互联设备的变形。

1.中继器

中继器又称转发器,是扩展局域网的硬件设备,属于 OSI(开放系统互联)模型物理层的中继系统。中继器的作用是接收传输媒体上传输的信号,对其进行放大和整形后再发送到传输媒体上。中继器扩大了数据传输的距离,用于连接和延展同类型局域网。

2.集线器

集线器是中继器的一种扩展形式,是一种网内连接设备,处于数据链路层,一般用于局域网中。集线器与中继器的区别在于集线器可以提供更多的端口服务,所以集线器又称多端口中继器。用户可以用双绞线通过 RJ45 连接到集线器上。

3.无线接入点

无线接入点是无线局域网中接入点设备,它的作用类似于有线网络中的集线器。无线接入点的出现,丰富了局域网组网的方式。目前市场上的无线接入点除了具备基本的无线接入功能外,一般还具有桥接、路由或代理服务器等附加功能。

4. 网桥

网桥又名桥接器,是一种连接两个局域网的存储/转发设备。网桥同中继器不同,网桥处理的是以帧为单位的信息。网桥独立于网络层协议,最高层为数据链路层。它能将一个较大的局域网分割为多个子网,或将两个以上的局域网互联成一个逻辑局域网,使局域网上的所有用户都可以访问服务器。网桥与运行的网络层协议无关,也就是说网桥对网络层以上的协议是完全透明的。当网桥接收到一个帧时,它会检查并确认该帧是否已经完整到达,然后转发该帧。因此,网桥各端口连接的网段必须属于同一个逻辑子网。

5. 交换机

在分组交换网中,交换机是一种能够提高网络性能、促进网络管理、降低管理成本的非常重要的网络基础设备。

目前,传统意义上的网桥使用并不普遍,在实际组网当中大量使用的是第二层局域网交换机(也称多端口桥接器)。

局域网交换机无论从外观上,还是从连接方式上看,都与集线器十分类似,但是其功能却不同于集线器。局域网交换机可以用在交换式局域网中,比集线器具有更强的功能。

交换机的优点在于可以通过不同的通信媒体建立多个网络连接,因而只需要增加有限的成本就能提供比一个共享的集线器大几倍的带宽。这一点与集线器有根本的区别。交换机可以在不同的网络速度和媒体之间进行转换,这一点与路由器相似。交换机与网桥的本质区别是前者通常具有两个以上的端口,支持多个独立的数据流,具有较高的吞吐量。

6. 路由器

路由器是在网络层提供多个独立的子网间连接服务的一种存储/转发设备,工作在网络层。路由器是通过网络层协议管理网络通信的设备,可以完成不同速率和不同媒体网络之间数据转换工作,是一种在多种不同网络协议环境下运行的互联设备。

7. 网关

网关也称信关,是建立在高层之上的各层次的中继系统。也就是说,网关是用于高层协议转换的网间连接设备。作为专用计算机的网关,能实现具有不同网络协议的网络之间的连接。因此,网关可以被描述为"不相同的网络系统互相连接时所用的设备或节点"。不同体系结构、不同协议在高层协议上的差异是非常大的。而对于面向高层协议的网关来说,其目的就是试图解决网络中不同的高层协议之间的转换问题,完全做到这一点是非常困难的。

目前,网络系统中常用的有数据库网关及电子邮件网关等。

二、网络软件

在计算机网络系统中,网络上的每个用户都可以使用系统中的各种硬件、软件资源。为了避免造成系统的混乱、信息数据的破坏或丢失,需要相关的软件对用户进行控制,防止用户对数据和信息的不合理访问。计算机网络软件就是一种为多计算机系统环境设计的、用于对系统整体资源进行管理和控制、为系统中不同的计算机之间提供通信服务、实现网络功能所不可缺少的软环境。计算机网络软件具有类型多种多样、难以标准化等特点。

根据网络软件的特性和用途,网络软件可以划分成以下几个大类。

(一)协议软件

连接到计算机网络上的计算机要依靠网络协议才能进行相互通信,而网络协议要依靠具体的网络协议软件的运行支持才能工作,用以实现网络协议功能的软件就是协议软件。协议软件的种类非常多,不同体系结构的网络系统都有支持自身系统的协议软件,体系结构中不同层次上又有不同的协议软件。对某一协议软件来说,到底把它划分到网络体系结构中的哪一层是由协议软件的功能决定的。因此,同一协议软件在不同体系结构中所属层次不一定是一样的。

典型的网络协议软件有 IPX/SPX 协议、TCP/IP 协议、X.21 与 X.25 协议、IEEE802 标准、点到点协议(PPP)、串行线路 Internet 协议(SLIP)、帧中继(FR)协议等。

(二)通信软件

通信软件使用户能够在不必详细了解通信控制规程的情况下,方便地控制自己的应用程序与多个站进行通信,并对大量的通信数据进行加工和管理。

一般通信软件都能很方便地与主机连接,并具有完善的传真功能、传输文件功能和自动生成原稿功能。

(三)管理软件

网络管理软件是对网络运行状况进行信息统计、监视、警告和报告的软件系统。网络管理人员可以通过管理软件全面监控网络设备的运行,可以了解到网络连通情况、节点数据吞吐率和数据包丢失率、设备负载情况等。常用的网络管理软件种类很多,功能各异,如惠普公司的 HP Open View、SUN 公司的 SUN NetManage 等都是非常流行的网络管理软件。

(四)设备驱动程序

设备驱动程序是一种控制特定设备的硬件级程序,可以看成是一个硬件小型操作系统,每个驱动程序都包括确保特定设备相应功能所需的逻辑和数据。设备驱动程序通常以固件形式存在于它所操作的设备中。

(五)工具软件

工具软件是网络中不可缺少的软件,如网页制作工具软件、网络编程工具软件等。网络工具软件的共同特点是:它们不是为用户提供在网络环境中直接使用的软件,而是一种为软件开发人员提供开发网络应用软件的工具。网络工具软件是多种多样的,通常开发人员开发一个网络应用系统,需要使用多个工具软件。

(六)网络应用软件

网络应用软件是在网络环境下直接面向用户的软件。计算机网络通过网络应用软件为用户提供信息资源的传输和共享服务。网络应用软件可分为两类：一类是由网络软件厂商开发的通用应用工具，像电子邮件、Web 浏览器及搜索工具等；另一类是基于不同的用户业务的软件，如网络上的金融业务、电信业务管理、办公自动化等软件。随着网络技术的发展，如今各种计算机应用软件都考虑到在网络环境下的应用问题。

(七)网络操作系统

网络操作系统(NOS)是为使网络用户能方便而有效地共享网络资源而提供的各种服务的软件及相关规程的集合。它直接运行在网络硬件基础之上，为网络用户提供共享资源管理服务、基本通信服务、网络系统安全服务及其他网络服务。网络操作系统是网络的核心，其他网络软件需要网络操作系统的支持才能运行。目前，网络操作系统主要有三大阵营：UNIX、NetWare 和 Windows。随着计算机网络的不断发展，特别是计算机网络互联中异质网络互联技术的应用和发展，网络操作系统开始向能支持多种通信协议、多种网络传输协议、多种网络适配器和工作站的方向发展。

第三节　计算机网络的协议与体系结构

计算机网络通信是一个非常复杂的过程，通信双方都应遵循一定的规则和规程。这里所说的规则和规程，就是本节要介绍的网络通信协议。

一、网络通信协议

协议是一组规则的集合，是进行交互的通信双方必须遵守的约定。在网络系统中，为了保证数据通信双方能正确而自动地进行通信，针对通信过程的各种问题(如通信内容、通信方式及通信时间等方面)制定了一整套约定，这就是网络系统的通信协议。网络通信协议是一套语义和语法规则，用来规定有关功能部件在通信过程中的操作。

(一)协议的组成

一般来说，网络通信协议由语法、语义和同步三个要素组成。

1. 语法

语法是数据与控制信息的结构或格式，如数据格式、编码、信号电平等。

2. 语义

语义是用于协调和进行差错处理的控制信息，如需要发生何种控制信息、完成何种动作及做出何种应答等。

3. 同步(定时)

同步是对事件实现顺序的详细说明，如采用同步传输或异步传输方式实现通信速度匹配、排序等。

(二)协议的特点

1. 层次性

由于网络系统体系结构具有层次性,通信协议也采用结构化的设计,实现技术被划分为多个层次,在每个层次内又可以分成若干子层次。协议各层次有高低之分。每一个相邻的层都有接口,较低的层向高层提供服务,但这一层对上一层的实现细节是屏蔽的,较高层在较低层的基础上实现更高级的服务。

2. 可靠性和有效性

如果通信协议不可靠,就会造成通信混乱和中断。只有通信协议有效,才能实现系统内的各种资源共享。

网络协议对于计算机网络不可缺少。不同结构的网络、不同厂家的网络产品,各自使用不同的协议,但连入公共计算机网络时,必须遵循公共协议标准,否则就不能够互相连通。一个功能完善的计算机网络需要制定一套复杂的协议集合,对于这种协议集合,最好的组织模式是分层次的网络体系结构。

二、网络体系结构

网络协议包含的内容相当多,为了降低设计上的复杂性,近代计算机网络都采用结构化的分层体系结构。所谓结构化,就是指将一个复杂的系统设计问题分解成一个个容易处理的子问题,然后加以解决。这些子问题相对独立,相互联系。在这种分层结构中,每层都执行自己所承担的任务,而且每层都是建立在它的前一层的基础上。层与层之间有相应的通信协议,相邻层之间的通信约束称为接口。在分层处理后,上层系统只需要利用下层系统提供的接口和功能进行通信,不需要了解下层系统实现该功能所采用的算法和协议,这称为层次无关性。上、下层之间的关系是下层对上层服务,上层是下层的用户。

计算机网络的各层和在各层上使用的全部协议称为网络系统的体系结构,体系结构是比较抽象的概念,可以用不同的硬件和软件来实现这样的结构。当前流行的体系结构有IBM 公司的 SNA(系统网络体系结构)、DEC 公司的 DNA(数字网络体系结构),还有风行全球的 TCP/IP 等。

网络体系分层结构具有如下优点。

1. 独立性强

独立性是指对具有相对独立功能的每一层,它不必知道下一层是如何实现的,只要知道下层通过层间接口提供的服务是什么,本层向上一层提供的服务是什么就可以了。

2. 功能简单

系统经分层后,整个复杂的系统被分解成若干个范围小的、功能简单的层次,进行程序设计和实现比较方便。

3.适应性强

当任何一层发生变化时,只要层间接口不发生变化,那么这种变化就不会影响其他任何一层,这就意味着可以对分层结构中的任何一层的内部进行修改而不影响其他层。

4.易于实现和维护

分层结构使实现和调试一个庞大而复杂的网络系统变得简单和容易。

5.结构可分割

结构可分割是指被分层后各层的功能均可采用最佳的技术手段来实现。

6.易于交流

分层结构易于交流,有利于标准化。

三、ISO/OSI 参考模型和 TCP/IP 参考模型

(一)ISO/OSI 参考模型

为了实现异种计算机互联以满足信息交换、资源共享、分布处理和分布应用的要求,客观需要网络体系结构由封闭式走向开放式,有必要建立一个在国际上共同遵循的网络体系结构。国际标准化组织(ISO)经过多年努力于 1981 年正式提出了"开放系统互联参考模型"(ISO/OSI - RM)。该模型将网络通信按功能划分为 7 个层次,并定义了各层的功能、层与层之间的关系以及相同层次的两端如何通信等,这是一个计算机互联的国际标准。所谓开放,就是指任何不同的计算机系统,只要遵循 OSI 标准,就可以与同样遵循这一标准的任何计算机系统通信。

OSI 参考模型将网络体系结构按功能划分为 7 个较小的易于管理的层:物理层、数据链路层、网络层、传输层、会话层、表示层和应用层,各层次相对独立,互不影响。

1.物理层

物理层是 OSI 分层结构体系中的最底层,也是最基础的一层,是实现设备之间的物理接口。物理层定义了数据编码和比特流同步,确保发送方和接收方之间的正确传输;定义了比特流的持续时间以及比特流是如何转化为在通信介质上传输的电和光信号;定义了线路如何接到网卡上。例如,定义多少个针脚、每个管脚的功能,定义网线上发送数据采用的技术等。

2.数据链路层

数据链路层负责通过物理层从一台计算机至另外一台计算机无差错地传输数据帧。IEEE 将数据链路层分成逻辑链路控制和介质访问控制两个子层。逻辑链路控制子层管理单一网络链路上设备间的通信,介质访问控制子层管理访问网络介质。

3.网络层

网络层也称通信子网层,是通信子网的最高层,也是高层与低层协议之间的接口层。网络层主要提供路由交换及其相关的功能,为高层协议提供面向连接服务和无连接服务。网

络层一般应用路由选择协议,但也有其他的协议。

4.传输层

传输层又称运输层,其主要任务是向用户提供可取的端到端服务,透明地传送报文。它向高层屏蔽了下层数据通信的细节,因而是计算机通信体系结构中最关键的一层。该层关心的主要问题是建立、维护和中断虚电路,传输差错校验与恢复,进行信息流量控制等。

5.会话层

会话层允许不同计算机上的两个应用程序建立、使用和结束会话连接。通信会话包括发生在不同网络间的请求服务和应答服务,这些请求和应答通过会话层的协议实现。

6.表示层

表示层确定计算机之间交换数据的格式,可称为网络转换器。在发送方,表示层将应用层发送过来的数据转换成可识别的中间格式;在接收方,表示层把中间格式转换成可以理解的格式。具体而言,表示层负责协议转化、数据加密与解密、数据压缩和数据转换等。

7.应用层

应用层是最接近终端用户的 OSI 层,它与用户之间是通过软件实现的,这类应用程序超出了 OSI 模型的范畴。应用层的功能主要有文件传输、数据库访问、电子邮件的发送等。

OSI 参考模型定义了不同计算机互联标准的框架结构,得到了国际上的承认。它通过分层结构把复杂的通信过程分成了多个独立的、比较容易解决的子问题。在 OSI 模型中,下一层为上一层提供服务,而各层内部的工作与相邻层是无关的。

(二)TCP/IP 参考模型

OSI 模型虽然是国际标准,但是至今没有形成工业产品,主要原因是 OSI 协议过于复杂,协议分层过多,实现起来困难,协议制定的周期过长和缺乏市场竞争力。还有一个最主要的原因就是在制定 OSI 标准的时候,TCP/IP 作为一个互联网协议早已成为一个工业产品,TCP/IP 协议已经实现了网络互联,在 Internet 上得到了广泛的应用。

TCP/IP 协议又称 TCP/IP 模型,是互联网协议族的总称。TCP/IP 共分为 4 层,自下而上依次为网络接口层、网络互联层、传输层和应用层。其中网络接口层对应于 OSI 模型的第一层(物理层)和第二层(数据链路层),网络互联层对应于 OSI 模型的第三层(网络层),传输层对应于 OSI 模型的第四层(传输层),应用层对应于 OSI 模型的第五层(会话层)、第六层(表示层)和第七层(应用层)。

1.网络接口层

在 TCP/IP 分层体系结构中,网络接口层是其最底层,负责通过网络发送和接收 IP(互联网协议)数据报。由于 TCP/IP 网络接口层完全对应于 OSI 模型的物理层和数据链路层,因此其协议也与 OSI 的最低两层协议基本相同。

2.网络互联层

网络互联层又称网间网层,主要提供源计算机和目的计算机之间点到点的通信。它的主要任务是为所传输的数据选择路由,在一个或多个路由器相连接的网络中将数据传输到目的地。互联网层最主要的协议是 IP 协议,其主要功能为管理 IP 地址、路由选择和数据包的分配与重组等。

3.传输层

传输层是完成点到点通信的基础。传输层的主要协议有 TCP 协议和 UDP(用户数据报协议)。TCP 协议提供了一种可靠的传输方式,解决了 IP 协议的不安全因素,为数据包正确、安全地到达目的地提供可靠的保障。

4.应用层

应用层包含了所有高层协议,主要提供用户与网络的应用接口以及数据的表示形式。应用层的主要协议有 TFTP(简单文件传输协议)、FTP(文件传输协议)、SMTP(简单邮件传输协议)、TELNET(远程登录协议)、SNMP(简单网络管理协议)、DNS(域名系统协议)、HTTP(超文本传输协议)等。

(三)OSI 与 TCP/IP 的比较

OSI 参考模型在计算机网络的发展过程中起到了非常重要的指导作用。作为一种参考模型和完整的网络体系结构,它对今后计算机网络技术朝着标准化、规范化方向发展具有指导意义。但是,OSI 模型设计者的初衷是让其作为全世界计算机网络都遵循的标准,然而这种情况并没有发生。相反,TCP/IP 体系结构逐渐在市场中占据了支配地位。导致这一局面最重要的原因是 OSI 标准的制定周期太长,当 TCP/IP 协议已经成熟并通过很好的测试时,OSI 协议还处在发展阶段;另一个原因是 OSI 模型的设计过于复杂,层次划分也不完全合理,协议实现复杂且运行效率低。

OSI 参考模型采用了 7 个层次的体系结构,而 TCP/IP 体系结构只划分了 4 个层次。值得注意的是,在一些问题的处理上,TCP/IP 与 OSI 是很不相同的。例如,TCP/IP 一开始就考虑到多种异构网互联问题,并将 IP 协议作为 TCP/IP 的重要组成部分。但 ISO 只考虑到使用一种标准的公用数据网将各种不同的系统连接起来。TCP/IP 一开始就对面向连接服务和无连接服务并重,但是 ISO 在开始只考虑到了面向连接的服务,最后才考虑到面向无连接的服务。TCP/IP 有较好的网络管理功能,而 ISO 到后来才考虑这个问题。

当然,TCP/IP 也有不足之处。例如,TCP/IP 没有将"服务""协议""接口"等概念清楚地区分开。因此在使用一些新技术来设计新的网络时,采用这种模型会遇到一些麻烦。另外,它的通用性较差,很难用它来描述其他种类的协议栈。TCP/IP 的网络接口层严格来说并不是一个层次而仅仅是一个接口,而在这下面的数据链路层和物理层则根本没有,但实际上这两个层次还是很重要的。

四、IEEE802 系统标准协议

IEEE 为局域网制定了多种标准,这些标准统称为 IEEE 802 标准,又称为 IEEE 802 系列协议。

IEEE 802 标准只包含了局域网的物理层和数据链路层标准,其中数据链路层又分为两

个子层,即逻辑链路控制子层(LLC)和介质访问控制子层(MAC)。LLC 子层的作用与以前的链路层作用相当,通过差错控制和流量控制的功能实现无差错的 LLC 协议数据单元的传输。MAC 子层的功能是实现局域网共享信道的访问控制,把 LLC 子层的数据封装成帧进行发送(或相反的接收过程),并进行比特差错检测和寻址等。

把数据链路层分为两个子层的目的是由 LLC 子层屏蔽不同的介质和拓扑结构的局域网带来的差异,这种差异体现在 MAC 子层的控制。因此,尽管不同的网络其高层协议不同,网络操作系统也不尽相同,但底层都采用了相同的 IEEE 809 协议标准,可实现互联。

IEEE 共有 12 个分委员会,分别制定了相应的标准,有些标准还在不断地制定中,这些标准分别是:

802.1:IEEE 802 标准的概述、体系结构、网络互联、网络管理及性能测试等。

802.2:LLC 子层标准,是高层协议与 MAC 子层间的接口。

802.3:CSMA/CD 协议标准。定义了 CSMA/CD 总线的 MAC 子层和物理层标准。

802.4:令牌总线网,定义了令牌总线网的 MAC 子层和物理层标准。

802.5:令牌环网,定义了令牌传递环网的 MAC 子层和物理层标准。

802.6:城域网,定义了城域网的 MAC 子层和物理层标准。

802.7:定义了关于宽带的技术标准。

802.8:定义了关于光纤的技术标准。

802.9:定义了综合声音数据的局域网技术标准。

802.10:定义了可互操作的局域网的安全认证和加密算法。

802.11:定义了无线局域网的技术标准。

802.12:定义了新型高速局域网(100 Mb/s)。

802.3u:定义了百兆以太网的技术标准。

802.3z:定义了千兆以太网的技术标准。

802.3ae:定义了万兆以太网的技术标准。

第二章 计算机数据通信技术

第一节 数据通信的基本概念

一、数据、信息和信号

(一)数据

数据(data)由数字、字符和符号等组成,可以用来描述任何概念和事务,是信息的载体。数据中的各种数字、符号等在没有被定义前,是没有实际含义的,总是和一定的形式联系在一起。因此,数据是独立的,是尚未组织起来的事实的集合,是抽象的。如数字"1"在十进制中表示数量"1",在二进制中,可被定义为一种状态。

(二)信息

信息(information)是数据的具体内容和解释,有具体含义。信息是数据经过加工处理(说明或解释)后得到的,即信息是按一定要求以一定格式组织起来的、具有一定意义的数据。信息必须依赖于各种载体才有意义,才能被传递。严格地讲,数据和信息是有区别的。数据是信息的表示形式,是信息的载体,信息是数据形式的内涵。通常在口头上或一些要求不严格的场合中把数据说成信息,或把信息说成数据。在计算机网络中,数据实际上就是二进制代码 1、0 组成的比特序列,信息也称为报文(message)。

表示信息的形式可以是数值、文字、图形、声音、图像及动画等。现在所说的多媒体信息就是指以上述多种形式表示的信息,而这些归根到底都是数据的一种形式(广义数据)。

在数据通信过程中,通常需要通过传输介质将数据从某一端传输到另一端。为了使数据可在介质中传输,必须把数据变化成某种信号(电信号或光信号)形式。

(三)信号

信号(signal)是数据的具体物理表示,具有确定的物理描述,如电压、磁场强度等。在电路或光路中,信号就具体表示数据的电编码或光编码。

数据、信息和信号这三者是紧密相关的,在数据通信系统中,人们关注更多的是数据和信号。例如:当看到或说起一枝玫瑰花时,传递给我们的是一些关于玫瑰花的信息,如颜色、气味等。拼写出来的 rose 就是玫瑰花的数据表示。当我们读出来时,就是利用空气做传输介质用声音信号来传递玫瑰花的信息。当字符串 rose 在计算机通信网络中传输时,通信线路传输的是代表 rose 的一系列二进制编码的电信号,如图 2-1 所示。

图 2-1 信息、数据和信号

二、数据通信系统的组成

(一)模拟数据、数字数据、模拟信号和数字信号

表达数据的方式和承载数据的媒体是紧密相关的,不同的媒体能够表达数据的方式是有限的。表达数据的两种基本方式是模拟数据和数字数据。

当数据采用电信号方式表达时,由于受电的物理特性所限制,数据只能被表示成离散的编码和连续的载波两种形式。

当数据采用离散电信号表示时,这样的数据就是数字数据,如自然数、字符文本的取值等都是离散的。

当数据采用电波表示时,这样的数据就是模拟数据,如表示声音、电压、电流等的数据都是连续的。

电信号一般有模拟信号和数字信号两种形式:随时间连续变化的信号叫模拟信号[见图 2-2(a)],如正弦波信号等;随时间离散变化的信号是数字信号[见图 2-2(b)],它可以用有限个数位来表示连续变化的物理量,如脉冲信号、阶梯信号等。

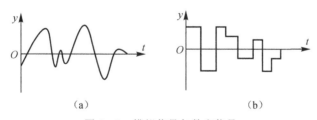

（a）   （b）

图 2-2 模拟信号与数字信号

(二)数据通信系统模型

数据通信系统是传递信息所需要的一切技术设备的总和,是信息的传输系统。按信道中传输的是模拟信号还是数字信号,可以把通信系统分为模拟通信系统和数字通信系统。数据通信系统的基本组成有三个要素:信源、信宿和信道。图 2-3 所示是一个简单的数据通信系统模型。实际上,数据通信系统的组成因用途而异。

图 2-3 简单的数据通信系统模型

1. 信源

信源就是数据源,是发出信息的源。在通信过程中产生和发送信息的设备或计算机被称为信源。它的作用是把产生的信息转换成原始的电信号。

2. 信宿

信宿是指在通信过程中接收和处理信息的设备或计算机。

3. 信道

信道是传输信号的通道,是连接信源和信宿的通信线路。按信道所使用的传输介质可以把它分为有线信道、无线信道和卫星信道;按信道传输信号种类的不同,又可以把它分为模拟信道和数字信道。信道既给信号以传输通路,又对信号产生各种干扰和噪声。

信源、信宿和信道之间往往并不是直接相连的,通常通过发送设备和接收设备连接起来。

4. 发送设备

发送设备的基本作用是将信源和信道相匹配,即将信源产生的信号转换成适合信道传输的信号。信源产生的信号并不是以原始形式直接传输的,而是由发送设备对其进行变换和编码后,使之变换为适于传送的信号形式,再送入信道进行传输。

5. 接收设备

接收设备的作用是从信道接收信号,并将其转换成信宿能处理的形式。接收设备是对发送设备的反变换,主要进行解调、译码等工作。接收设备可以将信号从带有干扰的信号中正确恢复出原始信号。

数据通信系统可以说是通信系统的子集。它主要提供数据服务,传送的是数据信息。在实际的讨论过程中,数据通信系统的概念并不局限于此。从广义上讲,除去利用模拟信号传输模拟数据的通信方式,其他通信系统都可以看作数据通信系统的研究范畴。详细的数据通信系统的组成如图 2-4 所示。

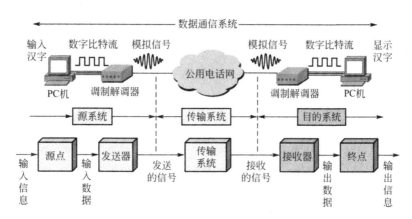

图 2-4 数据通信系统

(三)数据通信、数字通信与模拟通信

数据通信是指信源和信宿之间传送数据信号的通信方式。狭义的数据信号就是指离散的数字信号。由于信息的多媒体化,数据信号的含义也广义化了,即数据不仅包括离散变化的数字数据,也包括连续变化的模拟数据。计算机与计算机、计算机与终端之间的通信及计算机网络中的通信都是数据通信。

数字通信是指在通信信道中传送数字信号的通信方式。与之相对,在通信信道中传输模拟信号的通信方式是模拟通信。数字通信与模拟通信所强调的是信道中传输的信号形式,也即强调的是信道形式,前者是数字信道,后者是模拟信道,如图2-5所示。

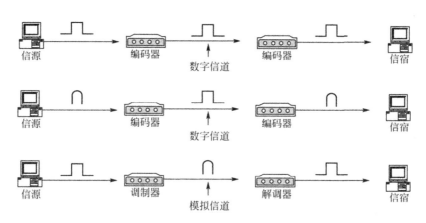

图 2-5 数字通信和模拟通信

数字通信和数据通信是两个不同的概念。数字通信强调的是信道的形式或信道中传输的信号的形式,数据通信强调的是信源与信宿之间的信息形式。

近年来,数字通信无论在理论上还是技术上都有突飞猛进的发展。数字通信和模拟通信相比,具有抗干扰能力强、可再生中继、便于保密通信、可实现高质量的远距离传输、易于适应各种通信业务、易于集成化等一系列优点。另外,各种通信业务,无论是话音、电报,还是数据、图像信号,经过数字化后都可以在数字通信中传输、交换和处理,这就更显示出数字通信的优越性。

(四)数据通信的过程

数据从信源出发到被信宿接收的整个过程称为数据通信过程。实际上,在数据通信过程中,需要完成两项任务,即传输数据和通信控制。通信控制主要执行各种辅助操作,并不交换数据,但这种辅助操作对交换数据是必不可少的。

数据通信过程通常被划分为五个阶段,每个阶段包括一组操作。

第一阶段:建立通信线路,用户将要通信的对方地址信息告诉交换机,交换机查询该地址终端,若对方同意通信,则由交换机建立双方通信的物理信道。

第二阶段:建立数据传输链路,通信双方建立同步联系,使双方设备处于正确收发状态,通信双方相互核对地址。

第三阶段:传送通信控制信号和传输数据。

第四阶段:数据传输结束,双方通过通信控制信息确认此次通信结束。

第五阶段:由通信双方之一通知交换机通信结束,可以切断物理连接。

在整个数据通信过程中,通信系统传输的对象是数据,而数据是以信号的形式传送的。信号沿着传输介质发送,从而实现了数据的传输。无论信源产生的是模拟数据还是数字数据,在传输的过程中,都被转换成适合信道传输的某种信号的形式进行传送。通信系统的传输过程如图 2-6 所示。

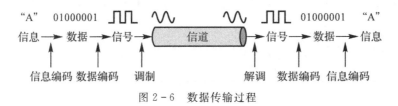

图 2-6 数据传输过程

三、数据通信的主要技术指标

数据通信的主要技术指标是衡量数据传输的有效性和可靠性的参数。数据传输的有效性主要由数据传输速率、调制速率、传输延迟、信道带宽和信道容量来衡量,数据传输的可靠性一般用数据传输的误码率指标来衡量。

(一)信道带宽和信道容量

信道就是信号传输的通路。信道带宽和信道容量是描述信道的主要指标,它们由信道的物理特性所决定。

信道带宽:信道的最大数据传输速率。为不同应用而设计的传输媒体具有不同的信道质量,所支持的带宽有所不同。如窄带信道的带宽为 0~300 Hz,音频信道带宽为 300~3 400 Hz,宽带信道带宽为 300~3 400 Hz。

信道容量：信道在单位时间内可以传输的最大信号量，表示信号的传输能力。信道容量表示为单位时间内可传输的二进制位的位数（即信道能够达到的最大数据传输速率、位速率），以位/秒（bit/s）表示，简记为 b/s。

(二)传输速率

1. 数据传输速率

数据传输速率是指信道在单位时间内可以传输的最大比特数。信道容量和信道带宽成正比关系，带宽越大，容量越大。局域网的带宽（最大数据传输速率）一般为 10 Mb/s、100 Mb/s、1 000 Mb/s，而广域网的带宽一般为 64 Kb/s、2 Mb/s、155 Mb/s、2.5 Gb/s 等。

2. 调制速率

调制速率又叫波特率或码元速率，是数字信号经过调制后的传输速率，表示每秒传输的电信号单元（码元）数，即调制后模拟电信号每秒钟变化的次数。它等于调制周期（即时间间隔）的倒数，单位为波特（Baud）。波特与比特两个指标数值在概念上是不同的，Baud 是码元的传输速率单位，表示单位时间内传送的信号值（码元）个数，波特速率是调制速率；而 b/s 是单位时间内传输信息量的单位，表示单位时间传送的二进制位的位数。

3. 误码率/差错率

误码率/差错率是描述信道或者数据通信系统（网络）质量的一个指标，是指数据系统正常工作状态下信道上传输比特总数与其中出错比特数的比值。

(三)传输延迟

传输延迟是指由于受到各种原因的影响，系统信息在传输过程中存在着不同程度的延误或滞后。信号的传输延迟时间包括发送和接收时间、电信号响应时间、中间转发时间和信道传输延迟时间。传输延时通常又分为传输时延和传播时延。

传输时延是指发送一组信息所用的时间，该时间与信息传输速率和信息格式有关。

传播时延是指信号在物理媒体中传输一定距离所用的时间，它与信号传播速度和距离有关。

第二节　数据传输、数据编码和调制技术

一、数据传输

(一)并行通信和串行通信

并行通信是指数据以成组的方式在多个并行信道上同时进行传输，如图 2-7 所示。并行通信在计算机内部总线以及并行口通信中已经得到广泛的应用。

串行通信是指数据以串行方式在一条信道上传输，如图 2-8 所示。串行通信的优点是

收、发双方只需要一条传输信道,易于实现,成本低,但速度比较慢。串行通信在计算机的串行口通信中得到广泛的应用,在远程通信中一般采用串行通信方式。

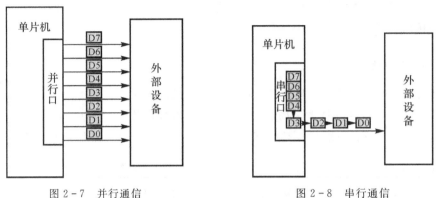

图 2-7 并行通信   图 2-8 串行通信

(二)异步传输与同步传输

串行通信中采用两种同步方式:异步传输和同步传输。在异步传输方式中,每传一个字符都要在前面加一个起始位,表示字符代码的开始。在字符代码和校验码后面加一个或两个停止位,表示字符的结束。接收方根据起始位和停止位来判断一个字符的开始和结束,从而起到同步的作用,如图 2-9 所示。异步方式的实现比较容易,但每传一个字符都多使用2~3位。

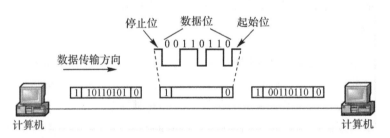

图 2-9 异步方式的同步过程

同步传输方式的信息格式是一组字符或一个二进制位组成的帧。在发送一组字符或数据块之前先发一个同步字符 SYN(01101100)或一个同步字节(01111110),用于接收方进行同步检测,使收发双方进入同步状态。在同步字符或字节之后,可以连续发送任意多个字符和数据块,发送数据完毕后,再使用同步字符或字节标识整个发送过程的结束,如图 2-10所示。由于发送方和接收方将整个字符组作为一个单位传送,而且附加位又少,因此数据传输效率高。

图 2-10 同步方式的同步过程

(三)单工通信、半双工通信和全双工通信

1. 单工通信

单工通信又称单向通信,在通信线路上,数据只能按一个方向通信,而没有反方向的交互,如图 2-11 所示。无线电广播、有线电广播、计算机主机与显示器之间以及电视广播就属于这种类型。

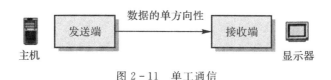

图 2-11　单工通信

2. 半双工通信

半双工通信又称双向交替通信,即通信双方都可以发送信息,但双方不能同时发送(或同时接收),这种通信方式往往是一方发送另一方接收,如图 2-12 所示。该方式适合于会话式通信,如公安系统的对讲机和军队使用的步话机。

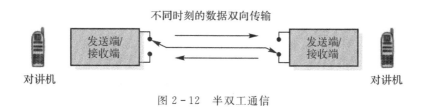

图 2-12　半双工通信

3. 全双工通信

全双工通信可同时进行两个方向的通信,即两个信道,可同时进行双向的数据传输,相当于把两个相反方向的单工通信方式组合起来。全双工通信效率高、控制容易,适用于计算机间的通信。全双工通信,又称双向同时通信,即通信双方可以同时发送和接收信息,如图 2-13 所示。电话机通话即为全双工通信。

图 2-13　全双工通信

二、数据的编码

计算机中的数字数据并不适合直接在数字信道中传输,如果要传输这些数据,必须将它们转换为一种适合在数字信道中传送的二进制形式,这个转换过程就是编码(code)。我们有多种数据编码方法,选择哪种主要取决于所使用的物理通信链路。

我们还可以利用编码后得到的二进制数据,控制模拟信号在通信信道中进行传送,这就是调制(modulation)技术。

(一)数字数据的编码

计算机网络使用最普遍的是基带传输方式。基带传输需要先将数字数据进行编码,以数字信号的形式在信道上进行传输,到了接收端再进行解码,还原为原来的数据。

数字数据已经有了"1""0"的码值区别,为什么不直接使用高、低电平加到物理信道上直接传输,而要按照一定的方式进行编码后再进行传输呢?这主要有以下原因:

(1)编码更有利于在接收端区分"0"和"1"值;

(2)编码可以在传输信号中携带时钟,便于接收端提取定时时钟信号;

(3)采取合理的编码方式,以适合信道的传输特性,充分利用信道的传输能力。

(二)编码技术

常用的数字数据编码有不归零(NRZ)编码、曼彻斯特(Manchester)编码和差分曼彻斯特(differential Manchester)编码。

1. 不归零编码

不归零编码用两个不同的电平信号来表示数字"0"和"1",这一电平信号要占满整个码元的宽度。不归零表示没有中间状态,即中间没有零电压。归零表示每个相邻脉冲之间会返回零电压状态。不归零编码规则,可用+3 V表示"1",用 0 V表示"0"(单极性不归零编码);或用+3 V表示"1",用-3 V表示"0"(双极性不归零编码)。

不归零编码存在以下缺点:

(1)当出现多个连续的"0"或连续的"1"时,难以判断何处是上一位的结束和下一位的开始,数据的收发双方不能保持同步,必须在发送不归零码的同时,用另一个信道传输同步信号。

(2)这种编码尤其是单极性编码会产生直流分量的积累,造成传输线路的电压漂移,使信号失真。

不归零编码的优点是编码效率高。近年来,随着技术的完善,不归零编码已成为高速网络的主流技术。

2. 曼彻斯特编码

曼彻斯特编码对应于每一位的中间位置都有一个跳变,用跳变的相位表示数字"0"和"1",每位的周期 T 分为前 $T/2$ 和后 $T/2$,前 $T/2$ 传送该位的反码,后 $T/2$ 传送该位的原码进行编码,即编码时"1"为先低后高,"0"为先高后低。

曼彻斯特编码每一位中间的跳变不仅表示了数据,也提供了同步时钟,接收端很容易在跳变处同步,所以说它具有自同步能力,是一种"自含钟编码"信号,发送曼彻斯特编码信号时无须另发同步信号。曼彻斯特编码信号不含直流分量。这种编码方式的缺点是效率低下,占用带宽是NRZ编码的两倍;优点是克服了NRZ编码存在的问题,得到了广泛的应用,以太网就采用曼彻斯特编码方式。

3. 差分曼彻斯特编码

差分曼彻斯特编码每位的中间跳变只用于同步时钟信号；而"0"或"1"的取值判断是用每一位的起始处有无跳变来表示的，若有跳变则为"0"，若无跳变则为"1"。

在解码的过程中，只要把前一位的后半位和本位的前半位进行异或运算，即可判断出"0"或"1"两种不同数值。如果相同表示位起始处无跳变，表示的为"1"；如果不同表示位起始处有跳变，表示的为"0"。

这种编码也是一种"自含钟编码"信号，也不存在直流分量。令牌环网中使用的是差分曼彻斯特编码。图 2-14 显示了 3 种不同的数字信号编码方式的波形。

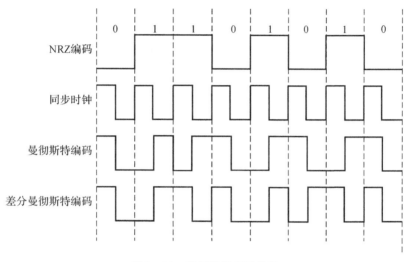

图 2-14　常用数字信号编码

三、数据的调制技术

为了将计算机中的数据在模拟信道上传输，需要将数字数据转换成模拟信号。电话通信线路就是典型的模拟信道。

发送端将数字数据变换成模拟信号的过程叫调制（modulation），调制设备就称为调制器（modulator）；接收端将模拟信号还原成数字数据的过程称为解调（demodulation），解调设备称为解调器（demodulator）。因此进行数据通信的发送端和接收端以全双工方式进行通信时，就需要一个同时具备调制和解调功能的设备，称为调制解调器（modem）。

对数字数据进行调制的基本方法有 3 种：幅度调制、频率调制和相位调制。设载波信号为正弦交信号 $f(t) = A\sin(\omega t + \varphi)$，基带脉冲及 3 种调制波形如图 2-15 所示。

（一）幅度调制（AM）

幅度调制简称调幅，也叫幅移键控（ASK）。在幅度调制中，载波信号的频率 ω 和相位 φ 是常量，振幅 A 是变量，即载波的幅度随基带脉冲的变化而变化。如图 2-15(a)所示，基带脉冲为"1"时，已调信号为一种幅度，基带脉冲为"0"时，已调信号为另一种幅度。

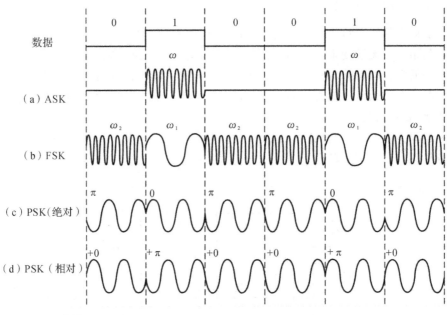

图 2-15 模拟数据信号的编码方法

(二)频率调制(FM)

频率调制简称调频,也叫频移键控(FSK)。在频率调制中,载波信号的振幅 A 和相位 φ 是常量,频率 ω 是变量,即载波的频率随基带脉冲的变化而变化。如图 2-15(b)所示,基带脉冲为"1"时,已调信号的频率为 ω_1,基脉冲为"0"时,已调信号的频率为 ω_2。

(三)相位调制(PM)

相位调制简称调相,也叫相移键控(PSK)。在相位调制中,载波信号的振幅 A 和频率 ω 是常量,相位 φ 是变量,即载波的相位随基带脉冲的变化而变化。如图 2-15(c)(d)所示,基带脉冲为"1"和"0"时,已调信号的起始相位差为 180°(绝对相位调制),或基带脉冲为"1"时,已调信号的相位差变化 180°(相对相位调制)。

采用调制解调技术的目的有两个:一是使基带信号变为频带信号,便于在模拟信道上进行远距离传输;二是便于信道进行频分多路复用。

第三节 多路复用技术

在远程通信中,某些大容量的传输介质可传输频带很宽,其传输能力通常大大超过传输单一信息的需求。为了高效合理地利用通信介质,通常采用多路复用技术,即多路数据信号共同使用一条线路进行传输。

利用一条物理信道同时传输多路信号的过程称为多路复用。多路复用技术能把多个信号组合在一条物理信道上进行传输,使多个计算机或终端设备共享信息资源,提高信道的利用率。特别是在远距离传输时,可大大节省电缆的成本、安装与维护费用。实现多路复用功能的设备叫多路复用器,简称多路器,多路复用工作原理如图 2-16 所示。多路复用技术通常有频分多路复用、时分多路复用、波分多路复用等。

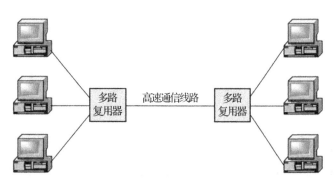

图 2-16　多路复用工作原理示意图

一、频分多路复用

频分多路复用(frequency division multiplexing,FDM)就是将具有一定带宽的信道分为若干个有较小频带的子信道,每个子信道供一个用户使用。这样在信道中就可同时传送多个不同的频率范围的信号。频分多路复用实现的条件是信道的带宽远远大于每个子信道的带宽。采用频分多路复用时数据在各子信道上是并行传输的。由于各个子信道相互独立,故一个信道发生故障时不影响其他信道。

二、时分多路复用

时分多路复用(time division multiplexing,TDM)是将一条物理信道的传输时间分成若干个时间片轮流地给多个信号源使用,每个时间片被复用的一路信号占用。这样,当有多路信号准备传输时,一个信道就能在不同的时间片传输多路信号。时分多路复用实现的条件是信道能达到的数据传输率超过各路信号源所要求的数据传输率。如果把每路信号调制到较高的传输速率,即按介质的比特率传输,那么每路信号传输时多余的时间就可以为他路信号使用。因此,使每路信息按时间分片,轮流交替地使用介质,就可以达到在一条物理信道中同时传输多路信号的目的。

时分多路复用又分为同步时分多路复用(synchronous time division multiplexing,STDM)和异步时分多路复用(asynchronous time division multiplexing,ATDM)。同步时分多路复用是指时分方案中的时间片是分配好的,而且固定不变,即每个时间片与一个信号源对应,不管该信号源此时是否有信息发送,在接收端,根据时间片序号就可以判断出是哪一路信息,从而将其送往相应的目的地。而异步时分多路复用允许动态地、按需分配信道的时间片,如果某路信号源暂不发送信号,就让其他信号源占用这个时间片,这样就可以大大地提高时间片的利用率。异步时分多路复用也可称为统计时分多路复用技术,它也是目前计算机网络中广泛应用的多路复用技术。

对于频分多路复用,频带越宽,则在此频带宽度内所能分割的子信道就越多。对于时分多路复用,时间片长度越短,则每个时分段中所包含的时间片数就越多,因而所划分的子信道就越多。频分多路复用主要用于模拟信道的复用;时分多路复用主要用于数字信道的复用。

三、波分多路复用

波分多路复用(wavelength division multiplexing,WDM)是频率分割技术在光纤媒体中的应用,它主要用于全光纤网组成的通信系统。

波分多路复用是指在一根光纤上能同时传送多个波长不同的光载波的复用技术。通过波分多路复用可使原来在一根光纤上只能传输一个光载波的单一光信道,变为可传输多个不同波长光载波的光信道,使得光纤的传输能力成倍增加。波分多路复用技术实际上是利用了光具有不同波长的特征。其技术原理与 FDM 十分类似,不同的是它利用衍射光。

第四节　数据交换技术

经编码后的数据进行传输时最简单的形式是在两个互连的设备之间建立传输信道并进行数据通信。但是,在大范围的通信环境中直接连接两个设备往往是不现实的,常常是通过有中间节点的网络把数据从源节点发送到目的节点,以实现通信。这些中间节点并不关心数据内容,而是提供一个交换设备,使数据从一个节点到另一个节点,直至到达目的地为止。数据通过通信子网的交换方式可以分为电路交换和存储转发交换两大类。

一、电路交换

电路交换(circuit switching)也叫线路交换,是数据通信领域最早使用的交换方式。两台计算机通过通信子网进行数据交换之前,首先要在通信子网中建立一个实际的物理线路连接。最普通的线路交换例子是电话系统。经由电路交换的通信包括线路建立、数据传输和线路释放。典型的线路交换过程和工作原理如图 2-17、图 2-18 所示。

(一)线路建立阶段

如果主机 A 要向主机 B 传输数据,首先要通过通信子网在主机 A 与主机 B 之间建立线路连接。主机 A 首先向通信子网中节点 A 发送"呼叫请求包",其中包含有需要建立线路连接的源主机地址与目的主机地址。节点 A 根据目的主机地址,采用路选算法,如选择下一个节点为 B,则向节点 B 发送"呼叫请求包"。节点 B 接到呼叫请求后,同样根据路选算法,如选择下一个节点为节点 C,则向节点 C 发送"呼叫请求包"。节点 C 接到呼叫请求后,也要根据路选算法,如选择下一个节点为节点 D,则向节点 D 发送"呼叫请求包"。节点 D 接到呼叫请求后,向与其直接连接的主机 B 发送"呼叫请求包"。主机 B 如接受主机 A 的呼叫连接请求,则通过已经建立的物理线路连接"节点 D—节点 C—节点 B—节点 A",向主机 A 发送"呼叫应答包"。至此,从"主机 A—节点 A—节点 B—节点 C—节点 D—主机 B"的专用物理线路连接建立完成。该物理连接为此次主机 A 与主机 B 的数据交换服务。

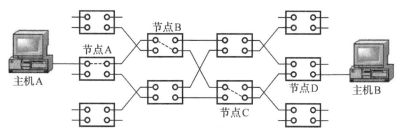

图 2-17　线路交换过程

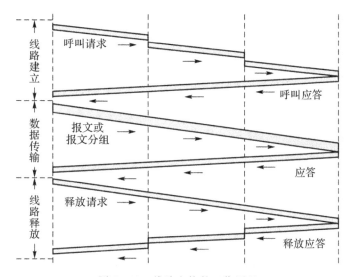

图 2-18　线路交换的工作原理

(二)数据传输阶段

在主机 A 与主机 B 通过通信子网的物理线路连接建立以后,主机 A 与主机 B 就可以通过该连接实时、双向交换数据。

(三)线路释放阶段

在数据传输完成后,就要进入线路释放阶段。一般可以由主机 A 向主机 B 发出"释放请求包",主机 B 同意结束传输并释放线路后,将向节点 D 发送"释放应答包",然后按照"节点 C—节点 B—节点 A—主机 A"的次序,依次将建立的物理连接释放。这时,此次通信结束。

电路交换的优点:数据传输可靠、迅速,不丢失且保持原序列。

电路交换的缺点:通信双方占用一条信道后,即使不传送数据其他用户也不能使用,造成信道容量的浪费,线路利用率低。

因此,电路交换适用于数据传输要求质量高且批量大的情况。

二、存储转发交换

(一)存储转发的基本概念

存储转发交换(store‐and‐forward exchanging)方式与线路交换方式的主要区别表现在以下两个方面：①发送的数据与目的地址、源地址、控制信息按照一定格式组成一个数据单元(报文或报文分组)进入通信子网；②通信子网中的节点是通信控制处理机，它负责完成数据单元的接收、差错校验、存储、路选和转发功能。

存储转发交换方式可以分为两类：报文交换(message exchanging)与报文分组交换(packet exchanging)。因此，被传送的数据单元也相应分为两类：报文(message)与报文分组(packet)。

如果在发送数据时，不管发送数据的长度是多少，都把它当作一个逻辑单元，那么就可以在发送的数据上加上目的地址、源地址与控制信息，按一定的格式打包后组成一个报文。另一种方法是限制数据的最大长度，典型的最大长度是1 000 bit或几千比特。发送站将一个长报文分成多个报文分组，接收站再将多个报文分组按顺序重新组织成一个长报文。

(二)报文交换

报文交换不需要在两个站点之间建立一条专用通路，其数据传输的单位是报文(站点一次发送的数据块)，长度可变。传送过程采用存储转发方式，即发送站在送一个报文时，把目的地址附加在报文上，途经的网络节点根据报文上的目的地址信息，把报文发送到下一个节点，通过逐个节点传送直到目的站点。每个节点在收到整个报文后，暂存这个报文并检查该报文有无错误，然后利用路由信息找出下一个节点的地址，再把整个报文传送给下一个节点。在同一时间内，报文的传送只占用两个节点之间的一段线路。而在两个通信用户的其他线路段，可传输其他用户的报文，不像电路交换那样必须占用端到端的全部信道。

(三)分组交换

分组交换(packet switching)兼有报文交换和电路交换的优点。分组交换与报文交换的工作方式基本相同，形式上的主要差别在于，分组交换网中要限制所传输的数据单位的长度。假如A站有一份比较长的报文要发送给C站，则首先将报文按规定的长度划分成若干分组，每个分组附加上地址及纠错等其他信息，然后将这些分组顺序发送到交换网的节点C。

分组交换技术在实际应用中，又可以分为以下两类：数据报方式(datagram，DG)、虚电路方式(virtual circuit，VC)。

1. 数据报方式

在数据报中，每个数据包被独立地处理，就像在报文交换中每个报文被独立地处理那样，每个节点根据一个路由选择算法，为每个数据包选择一条路径，使它们的目的地址相同。

数据报方式的特点如下：①同一报文的不同分组可以由不同的传输路径通过通信子网；②同一报文的不同分组到达的节点可能出现乱序、重复或丢失现象；③每一个报文在传输过程中都必须带有源节点地址和目的节点地址。

使用数据报方式时,数据报文传输延迟较大,适用于突发性通信,不适用于长报文、会话式通信。

2. 虚电路方式

在虚电路中,数据在传送以前,发送和接收双方在网络中建立起一条逻辑上的连接,但它并不是像电路交换中那样有一条专用的物理通路,该路径上各个节点都有缓冲装置,服从于这条逻辑线路的安排,也就是按照逻辑连接的方向和接收的次序进行输出排队和转发。这样每个节点就不需要为每个数据包作路径选择判断,就好像收发双方有一条专用信道一样。

第五节 差错控制技术

我们把通过通信信道接收的数据与发送的数据不一致的现象称为传输差错,简称差错。差错的产生是不可避免的,我们的任务是分析差错产生的原因,研究有效的差错控制方法。差错控制就是要在数据通信中能发现或纠正差错,把差错限制在尽可能小的允许范围内的技术和方法。

一、差错产生的原因与差错类型

当数据从信源出发,经过通信信道时,由于通信信道总是有一定的噪声存在,因此在到达信宿时,接收信号是信号与噪声的叠加。在接收端,接收电路在取样时判断信号电平。如果噪声对信号叠加的结果在电平判决时出现错误,就会引起传输数据的错误。

通信信道的噪声分为两类:热噪声与冲击噪声。

热噪声是由传输介质导体的电子热运动产生的。热噪声的特点是时刻存在、幅度较小、强度与频率无关,其频谱很宽,是一类随机的噪声。由热噪声引起的差错是一类随机差错。

冲击噪声是由外界电磁干扰引起的。与热噪声相比,冲击噪声幅度较大,是引起传输差错的主要原因。冲击噪声持续时间与每比特数据的发送时间相比可能较长,因而冲击噪声引起的相邻多个数据位出错呈突发性。冲击噪声引起的传输差错为突发差错。

在通信过程中产生的传输差错,是由随机差错与突发差错共同构成的。

二、差错控制方法

最常用的差错控制方法是差错控制编码。数据信息位在向信道发送之前,先按照某种关系或算法附加一定的冗余位,构成一个字码后再发送,这个过程称为差错控制编码。接收端收到该字码后,检查信息位和附加的冗余位之间的关系,以检查传输过程中是否有差错发生,这个过程称为检验过程。

差错控制编码可分为检错码和纠错码。检错码:能自动发现差错的编码。纠错码:不仅能自动发现差错而且能自动纠正差错的编码。

差错控制方法分两类,一类是自动请求重发,一类是向前纠错。

自动请求重发(automatic retransmission request,ARQ)又叫检错重发,它是利用编码的方法在数据接收端检测差错,检测出差错后,要通知发送方重新发送数据,直到数据正确接收,无差错为止。

ARQ方式使用的是检错码,只能检测出发生了错误,但是不能确定出错码的准确位置,而且需要用双向信道才能将差错信息反馈至发送端。

向前纠错(forward error correcting,FEC)也是利用编码的方法,接收端不仅对接收的数据进行检测,而且检测出差错后能自动纠正错误。

FEC方式使用的是纠错码,接收端能准确地确定二进制码元发生错误的位置并加以纠正,它不需要反向信道,不存在重发延时,实时性强。

第三章　计算机网络互联技术

第一节　网络互联概述

当单个网络不能满足人们资源共享的要求时,网络间的互联就成为网络发展的新要求。网络互联是指将两个或者两个以上具有独立自治能力、同构或异构的计算机网络连接起来形成规模更大的网络的过程。网络互联的目的是实现网络间的数据流通,扩大资源共享的范围,使网络可容纳更多的用户。

一、网络互联的原因

进行网络互联主要有以下几个原因。

(一)突破网络长度的物理限制

网络中主机之间的连接是通过物理介质(传输媒体)来实现的,而传输媒体由于物理特性的限制,信号在其上的传输距离是有限的。如果拟组建的网络规模的长度超过了传输媒体的上限,则需要将传输媒体分割成几段,使用转发器将它们连接起来。需要注意的是,在以太网中,利用转发器(中继器)转发来扩展网络的物理长度时,转发器的个数不宜太多。因此,经扩展后的网络长度仍是有限的。

(二)实现更广泛的资源共享

网络上的一台主机与另一网络上的一台主机之间的通信可以使不同网络上的用户相互访问网络资源,达到方便交流信息和数据的目的。

(三)实现不同网络之间的连接

利用互联技术将相同或不同体系结构网络进行互联,可使不同的传输媒体共存于同一网络中,实现不同拓扑结构的网络之间的互联、互通。

(四)提高网络的效率和管理的方便性

随着网络中连接的计算机数目的增加,网络流量将会增大,从而使计算机访问网络时的冲突增多,每台计算机可以得到的有效带宽减少,进而加大了网络的访问延迟。如果对网络中的流量进行分割,把一个大的网络分割成多个物理子网,把通信频繁的计算机放在同一子网中,不同子网间用网桥连接起来,那么,每个网段上的计算机数目将减少,每台计算机可以使用的有效带宽将增加,网络性能将明显提高。可见,进行网络互联可以提高网络的效率。另外,大规模的网络通过分割为互联的小网络时,也方便对网络进行管理。

二、网络互联的作用

网络互联的最大特点在于能整合任意多个网络而形成规模更大的网络,并且能互通互联,资源共享。归纳起来,网络互联的作用主要表现在以下几个方面:

(1)扩大资源共享范围,更多的资源可以被更多的用户共享。

(2)提高网络性能。网络性能会随着网上节点的增加、网络覆盖范围的扩大而降低。例如,总线网随着用户的增多,冲突的概率或发送延迟会增大,网络性能会明显地降低。采用子网自治以及子网互联的方法可以缩小冲突域,提高网络性能。

(3)降低成本。当本地的多台主机希望接入另一地区的某个网络时,采取本地主机先行组网(局域网或广域网),再通过网络互联的方法可以极大地降低联网成本。例如,某个部门具有 M 台主机希望接入公共数据网。向电信部门申请端口,连接 M 条线路固然可以达到目的,但成本远比 M 台主机先行组网,再通过一条或少数几条线路连入公共数据网的访问方式高。

(4)提高安全性。将具有相同权限的用户主机组成一个网络,在网络互联设备上严格控制其他用户对该网的访问,从而保证网络的安全性。

(5)提高可靠性。设备故障可能导致整个网络的瘫痪,而通过子网的划分可以有效地限制设备故障对整个网络的影响。

三、网络互联的类型

由于计算机网络按其组网技术可以分为局域网、城域网和广域网三种类型,因此网络互联的类型可以相应地分为局域网与局域网之间的互联、局域网与广域网之间的互联、一个或两个以上的局域网通过一个广域网互联、广域网与广域网之间的互联。

(一)局域网—局域网互联

这是在实际应用中最常见的一种网络互联。这种互联又可以进一步分为以下两种:

1. 同种局域网互联

同种局域网互联要求相连的局域网都执行相同的协议。例如,两个 Ethernet 网络的互联,两个 token ring 网络的互联,都属于同种局域网的互联。这类互联比较简单,一般使用网桥就可以将分散在不同地理位置的多个局域网互联起来。

2. 异型局域网的互联

异型局域网的互联即两种不同协议的共享介质局域网的互联,以及 ATM 局域网与传统共享介质局域网的互联。例如,一个 Ethernet 网络与一个 token ring 网络的互联,异型局域网也可以用网桥互联起来。

(二)局域网—广域网互联

这也是目前最常见的网络互联方式之一。路由器(router)或网关(gateway,也称为网间协议变换器)是实现局域网—广域网互联的主要设备。

(三)局域网—广域网—局域网互联

两个分布在不同地理位置的局域网通过广域网实现互联,这也是目前常用的互联类型之一。局域网主要是通过路由器或网关连接到广域网上。局域网—广域网—局域网的结构正在改变传统的主机通过广域网中通信子网的通信控制处理机(或路由器)的传统接入模式,大量的主机通过局域网来接入广域网是今后主机接入广域网的一种重要方法。

(四)广域网—广域网互联

广域网—广域网互联也是目前常用的网络互联方式之一。广域网—广域网通过路由器或网关互联起来。

四、网络互联的模式

网络互联模式有两种:无连接模式与面向连接模式。

(一)无连接的网络互联模式

无连接的网络互联模式对应于分组交换网的数据报方式。在这种互联模式中,每个数据分组将通过一系列的路由器从源端系统被传送到目的端系统,并且路由器对每个数据分组单独地选择路由。因此,不同的数据分组可能经历不同的传输路径。

在这种互联模式中,互联子网中的各个端系统与路由器都必须使用相同的网络层协议,即 IP 协议,以提供统一的、无连接的网络层服务,支持端到端的数据报传送。由于 IP 协议对子网要求不高,因此被广泛应用于目前的网络互联系统中,TCP/IP 协议体系就是最典型的例子。基于 IP 协议的互联模式如图 3-1 所示。

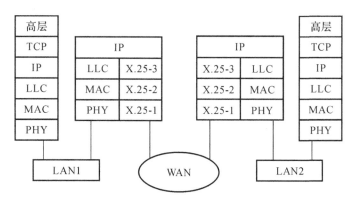

图 3-1　基于 IP 协议的互联模式

(二)面向连接的网络互联模式

面向连接的网络互联模式对应于分组交换网的虚电路方式。在这种模式下,子网应具有提供面向连接服务的能力。在同一子网内的两个端系统之间要建立逻辑连接,中间系统(即路由器)则用于实现不同子网之间的连接,通过路由器可将各个子网的逻辑连接串接起来。这样,端系统可以跨越多个子网来交换数据。

这种互联模式基于 X.25 的面向连接服务,并将 X.25 的分组层协议作为统一的网络层协议。不同子网的网络层协议通过路由器进行变换,使网间服务功能逐段协调到这个统一的服务层次上。这种方法也称协议变换法或逐跳法(hop by hop)。面向连接的网络互联模式如图 3 - 2 所示。

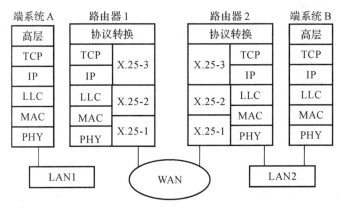

图 3 - 2　面向连接的网络互联模式

这两种互联模式各有优缺点。无连接的互联模式的优点是全局寻址,独立路由,网络鲁棒性高,实现技术简单;缺点是只能提供无连接方式的传输服务,传输质量必须由端系统传输层来保证,增加了端系统的负担。面向连接的互联模式的优点是可以充分利用各个子网的服务功能和质量保证机制,简化了传送控制,传输质量高;缺点是寻址开销大,路由不灵活。

第二节　网络互联协议与设备

一、网络互联协议

(一)Internet 协议

Internet 无疑是今天使用最广泛的互联网络。Internet 中的主要协议是 TCP 和 IP,所以 Internet 协议也叫 TCP/IP 协议。这些协议可划分为 4 个层次,它们与 OSI/RM 的对应关系如表 3 - 1 所示。

由于 Internet 的前身 ARPAnet 的设计者注重的是网络互联,允许通信子网采用已有

的或将来的各种协议,所以这个层次结构中没有提供网络访问层的协议。实际上,TCP/IP
协议可以通过网络访问层连接到任何网络上,例如 X.25 分组交换网或 IEEE 802 局域网。

表 3-1　TCP/IP 协议与 OSI/RM 的对应关系

OSI/RM		TCP/IP	
7	应用层	4	应用层
6	表示层		
5	会话层		
4	传输层	3	传输层
3	网络层	2	网络互联层
2	数据链路层	1	网络接口层
1	物理层		

与 OSI/RM 分层的原则不同,TCP/IP 协议簇允许同层的协议实体间互相调用,从而完
成复杂的控制功能,也允许上层过程直接调用不相邻的下层过程,甚至在有些高层协议中,
控制信息和数据分别传输,而不是共享同一协议数据单元。

(二)IP 地址及子网

1. IP 地址

Internet 上的主机和路由器都有一个 IP 地址,包括网络号和主机号两部分。互联网上
的每台网络设备的 IP 地址都是唯一的。IP 地址由 32 位二进制数来表示。通常,IP 地址用
点分十进制数的形式表示。把 32 位地址分成 4 个 8 位组,每个 8 位组的十进制数最大值为
255。IP 地址的网络号用来标明网络设备所连接的网络,主机号标明网络上的某个特定的
网络设备。

IP 地址分为 A、B、C、D、E 5 类,其格式如图 3-3 所示。

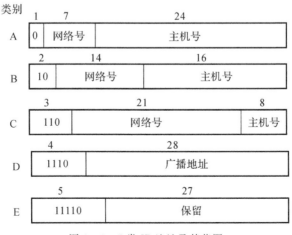

图 3-3　5 类 IP 地址及其范围

A 类地址用来支持超大型的网络。A 类地址的第 1 位总是 0,第 1 个 8 位组用来标识地址的网络部分,其余的 3 个 8 位组用作地址的主机部分。每个使用 A 类 IP 地址的网络最多可以为($2^{24}-2$)台连接到网络上的设备分配 IP 地址。减 2 是为网络和广播预留的地址,B、C、D 类地址中减 2 的原因与此相同。

B 类地址用来支持中大型网络的需求。B 类地址的头两位总是 10,IP 地址的头 16 位用来标识地址的网络部分,剩余的 2 个 8 位组用作地址的主机部分。每个使用 B 类 IP 地址的网络最多可以为($2^{16}-2$)台连接到网络上的设备分配 IP 地址。

C 类地址用来支持小型网络的需求。C 类地址的头 3 位总是 110,IP 地址的头 24 位用来标识地址的网络部分,剩余的 8 位用作地址的主机部分。每个使用 C 类 IP 地址的网络最多可以为 254(2^8-2)台连接到网络上的设备分配 IP 地址。

除了分配一个地址给每台主机外,地址还可以表示整个网络或某些计算机等。IP 定义了一套特殊的地址格式,称为保留地址。特殊 IP 地址的分配如表 3-2 所示。

表 3-2   特殊 IP 地址的分配

网络部分	主机部分	地址类型	用途
全 0	全 0	本机	启动时使用
网络号	全 0	网络	标识一个网络
网络号	全 1	直播广播	在特定网上广播
全 1	全 1	有限广播	在本地网上广播
127	任意	回环(loop back)	调试

IP 地址 0.0.0.0 用于启动以后不再使用的主机,以 0 作网络号的 IP 地址代表当前网络。全部由 1 组成的地址代表内部网络上的广播,通常是一个 LAN。有一个正确的网络号,主机号全为 1 的地址可以用来向 Internet 上任意远程 LAN 发送广播分组。形如 127.xx.yy.zz 的地址都保留作回环测试。发送到这个地址的分组会回送给发送者,而不会通过网络或网络接口卡。通过向这个地址发送测试数据(如 ping),主机可以检查 IP 软件是否在工作。

D 类地址是多播地址,主要留给 Internet 体系结构委员会(Internet Architecture Board,IAB)。E 类地址保留在今后使用。目前,大量使用的 IP 地址仅 A~C 类三种,现在能申请到的 IP 地址只有 B 类和 C 类两种。当某个单位向 IAB 申请到 IP 地址时,实际上只是获得一个网络号,具体的各主机号则由自己分配,只要做到所管辖的范围内无重复的主机号即可。

2. 子网划分

IP 协议要求,在同一个网络中的主机其 IP 地址的网络号应该是相同的。但是在实际的物理网络(如以太网等)中,一般不可能有 6 万多台主机(B 类地址),更不可能有 1 600 万台之多的主机(A 类地址)。因此,在一个 A 类网络或 B 类网络中,常常有许多地址没有被使用。在 Internet 迅速发展的今天,IP 地址已经成为珍贵的资源,而这种分配方式对地址是巨大的浪费。为了充分利用 IP 地址,提出了掩码(mask)和子网(subnet)的概念。

掩码是与 IP 地址对应的 32 位数字。掩码的一些位为 1,另一些位为 0。通过掩码可以把 IP 地址中的主机号再分为两部分:子网号和主机号。这样,就可以把 IP 地址的地址空间再细化成若干个稍小一些的子网,每个子网所能够包含的最多主机数也比原来的要少。

原则上掩码的 0 和 1 可以任意分布,不过一般在设计时,把掩码开始连续的几位设为 1。IP 地址与掩码中为 1 的位所对应的部分是子网号,其他为 0 的位则表示的是主机号。使用了掩码后,通常把原来的网络号和新划分的子网号合在一起称为网络号(与掩码为 1 的位相对应),把掩码划分后的新的主机号叫作主机号(与掩码为 0 的位相对应)。

A、B、C 类地址相对应有各自的标准掩码,分别为 255.0.0.0,255.255.0.0,255.255.255.0。使用掩码把一个可以包括 1 600 万台主机的 A 类网络或 6 万多台主机的 B 类网络分解成许多小的网络,每个小的网络就称为子网。如一个 B 类网络地址 162.105.0.0,可以利用掩码 255.255.224.0,把该网络分为 8 个子网:162.105.0.0,162.105.32.0,162.105.64.0,162.105.96.0,162.105.128.0,162.105.160.0,162.105.192.0,162.105.224.0,且每个子网内最多可有主机 8 192 台。可以认为掩码是对地址分类的扩展,它加大了地址分配的灵活性。

按照规定,一个主机号部分的所有位都为"0"的地址是代表该网络本身的,叫作网络地址。例如 162.105.130.0 就是一个网络地址。这样,IP 地址可以用来指定单个主机,也可以用来指定一个网络。

把主机接口的 IP 地址和其相应的掩码做二进制与运算,就得到该接口所在网络的网络地址。而把 IP 地址和掩码的反码进行与运算,则得到主机号。例如,一个网络接口的地址为 162.105.69.12,掩码为 255.255.254.0,则其子网地址为 162.105.68.0,而主机号为 0.0.1.12。

这样,在 IP 协议中,对主机或路由器的每个网络接口都要分配一个地址,而且对应每个地址有相应的掩码。属于同一个网络上的 IP 地址的掩码应该是一样的,以保证通过掩码计算后的子网地址是相同的。

(三)IP 协议

1. IP 数据报格式

物理网络和 TCP/IP 的互联网之间有很强的相似性。在一个物理网络上,传送的单元是一个包含帧头部分和数据部分的数据帧,帧头部分给出了物理源站点和目的站点的地址。互联网的基本传输单元叫作 IP 数据报。IP 数据报也包括两部分:IP 首部和数据区。首部包含了源地址和目的地址以及一个标识数据报内容的类型字段。IP 数据报与数据帧的不同之处在于,数据报的首部包含的是 IP 地址,而数据帧的帧头包含的是物理地址。IP 数据报的长度可以是任意的。当 IP 数据报从网络中的一台机器传送到另一台机器时,必须放在物理网络的数据帧内传输。IP 不规定数据区的格式,可以用来传输任意数据。

IP 数据报的格式内容能够说明 IP 协议的功能。在 TCP/IP 的标准中,各种数据格式常常以 32 位(即 4 B)为单位来描述。IP 数据报的格式内容如图 3-4 所示。

从图 3-4 可看出,一个 IP 数据报由首部和数据区两部分组成。首部包含数据报传输的大量控制和特性信息,是理解 IP 协议的基础。首部的前一部分是 20 B 的固定长度,后一部分的长度则是可变的。

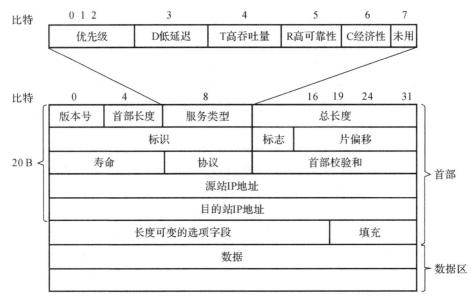

图 3-4 IP 数据报格式内容

(1)IP 数据报首部的固定部分。

版本号:版本号占 4 位,指明每个数据报都有确定的 IP 协议的版本。通信双方使用的 IP 协议的版本必须一致。目前使用的 IP 协议版本为 4(IPv4)。所有 IP 软件在处理一个数据报之前,都要检查版本号,保证与软件预期的格式匹配。如果标准不同,则拒绝版本号与软件版本不同的数据报。

首部长度:首部长度占 4 位,可表示的最大数值是 15 个单位(一个单位为 4 B),但其最小值为 5 个单位,因此 IP 数据报的首部长度的最小值是 20 B,即固定长度部分。IP 数据报的首部长度的最大值是 60 B,说明还有 40 B 的任选字段。当 IP 分组的首部长度不是 4 B 的整数倍时,必须利用最后一个填充字段加以填充。这样,数据部分永远从 4 B 的整数倍开始,实现起来会比较方便。首部长度限制为 60 B 的缺点是有时(如采用源站选路时)不够用,但这样做的用意是要用户尽量减少额外开销。

服务类型:服务类型占 8 位,说明 IP 数据报所希望获得的服务质量。服务类型字段的前 3 位表示优先级,它指明本数据报的优先级,允许发送方表示本数据报的重要程度。共有 8 个优先级(0~7)。0 为一般优先级,7 为最高优先级。第 4 位 D 是低延迟,表示请求用最少的延迟处理数据报。第 5 位 T 是高吞吐量,表示请求以最大的吞吐量处理数据报。第 6 位 R 是高可靠性,表示在数据报传输的过程中,被交换机丢弃的概率更小些。第 7 位 C 是新增加的,表示要求选择费用更低廉的路由。D、T、R、C 这 4 位被置为"1"时才有效。最后一位目前尚未使用。

总长度:总长度指首部和数据区之和的长度,单位为字节。总长度字段为 16 位,因此数据报的最大长度为 65 535 B。数据区的长度可以从总长度中减去首部长度求得。

当数据报长度过大时,协议会将它分解成几个较短的数据报即分片来传输。传到另一端,再把分解过的数据报分片按顺序重组起来。当很长的数据报要分片进行传输时,"总长度"不是指未分片前的数据报长度,而是指分片后每片的首部长度与数据区长度的总和。

数据报首部中的标识、标志、片偏移三个字段用来控制分片和重组。

标识:标识占 16 位,标识字段是为了使分片后的各数据报分片最后能准确地重装成为原来的数据报。每个数据报不管分成多少片都具有相同的标识号,用来确定该分片属于哪个数据报。分片到达时,目的主机根据标识号和源地址进行重组,每个数据报有唯一的标识。这里的"标识"并没有顺序号的意思,因为 IP 是无连接服务,数据报不存在按序接收的问题。

标志:标志占 3 位,目前只定义了 2 位。标志字段中的最低位记为 MF(more fragment,分片未结束)。MF=1 即表示后面还有分片的数据报,MF=0 表示这已是若干数据报分片中的最后一个。标志字段中间的一位记为 DF(don't fragment,不可分片)。DF=1 表示该数据报不能分片,只有当 DF=0 时才允许分片。

片偏移:片偏移占 13 位,片偏移指出每个分片在原数据报中的相对位置。也就是说,相对于用户数据字段的起点,该片从何处开始。片偏移以 8 B 为偏移单位。因为数据报最长可达 65 535 B,所以片偏移的取值为 0~8 192,仅最后一个分片没有偏移值。由于数据报不能保证按序到达,故目标主机要按标识和偏移值重组数据报。

寿命:寿命字段记为 TTL(time to live),其单位为 s(秒)。寿命又称为生存时间,用来确定数据报在网络中传输最多可用多少秒。只要一台机器向网络送出一个数据报,就要为它设置一个最大生存时间。当数据报通过的主机和路由器对该数据报进行处理时,要递减其寿命字段的值,若此值为 0,就把它从网络上删除。设置生存时间是为了避免因网络中出现循环而无限延迟。寿命的建议值是 32 s,但也可设定为 3~4 s,甚至为 255 s。

协议:协议占 8 位,协议字段指出此数据报携带的传输层数据使用何种协议,以便目的主机的 IP 层知道应将此数据报上交给哪个进程。常用的一些协议和相应的协议字段值是 UDP(17)、TCP(6)、ICMP(1)、GGP(3)(网关到网关协议)、EGP(8)、IGP(9)(内部网关协议)、OSPF(89)以及 ISO 的第 4 类运输协议 TP4(29)。

首部校验和:首部校验和字段只检验数据报的首部,不包括数据部分。不校验数据部分是为了节省数据报传输时间,因为数据报每经过一个节点,节点处理机就要重新计算首部校验和(一些字段,如寿命、标志、片偏移等都可能发生变化)。如将数据部分一起校验,计算的工作量就太大了。

该校验和的计算方法是,将 IP 数据报首部看成 16 位字的序列,先将校验和字段置零,将所有的 16 位字相加后,将和的二进制反码写入检验和字段。收到数据报后,将首部的 16 位字的序列再相加一次,若首部未发生任何变化,则和必为全 1,否则即认为出差错,并将此数据报丢弃。

地址:源站 IP 地址字段和目的站 IP 地址字段都各占 4 B。数据报可能经过许多中间路由器,但这两个字段始终不变,它们规定了源站点和目的站点的 IP 地址。

(2)IP 数据报首部的可变部分。

IP 数据报首部的可变部分是一个选项字段。选项字段用来支持排错、测量以及安全等措施。此字段的长度可变,从 1~40 B 不等,取决于所选择的项目。某些选项项目只需要

1 B,即只包括 1 个 B 的选项代码。选项代码的格式内容如图 3 - 5 所示。还有些选项需要多个字节,但其第 1 个字节仍为选项代码,后面可能跟有 1 B 的选项长度和多字节的数据。选项是连续出现的,中间不需要有分隔符,最后用全 0 的填充字段补齐成为 4 B 的整数倍。

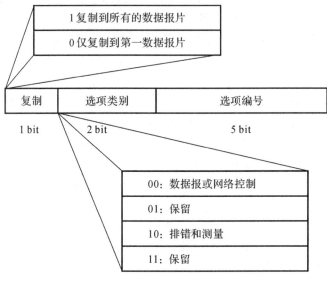

图 3 - 5   选项代码的格式内容

选项代码共有 3 个字段。第 1 个字段是复制字段,占 1 位,它的作用是控制网络中的路由器在将数据报进行分片时所做的选择。当复制字段为 1 时,必须将此选项字段复制到每一个数据报分片中。而当复制字段为 0 时,就只复制到第 1 个数据报分片中。

第 2 个字段是选项类别字段,占 2 位。但目前只有两类可供选用。当类别为 0 时,用作数据报或网络控制(主要是这类)。当类别为 2 时,用作排错和测量,即 Internet 时间戳。

第 3 个字段是选项编号,占 5 位,它指出可能的选项及其作用,如表 3 - 3 所示。

表 3 - 3   IP 数据报中可能的选项及作用

选项类	选项号	长度	描述
0	0	—	选项表结束,在首部的结尾选项仍没有结束时使用 (也见首部填充字段)
0	1		无操作
0	2	11	安全和处理限制(用于军事目的)
0	3	可变	不严格的源站选路,用来为数据报选路
0	7	可变	记录路径,用来跟踪路由
0	8	4	流标识符,用来携带一个 SATNET 流标识符(已过时)
0	9	可变	严格的源站选路,用来在指定路径上为数据报选路
2	4	可变	Internet 的时间戳,用来记录路由上的时间戳

2. IP 数据报路由选择

在网络层中 IP 数据报的传输有两种形式:直接传输和间接传输,也称直接路由和间接路由。直接传输是指在一个物理网络上,数据报从一台机器直接传送到另一台机器。只有当两台机器同时连到同一底层物理传输系统时,才能进行直接传输。在同一物理网络上,两台机器之间的 IP 数据报的传送不涉及路由器。发送方把数据报封装在物理帧中,把目的 IP 地址和一个物理硬件地址绑定在一起,并把产生的帧直接发送到目的站点。由于在同一网络上的所有机器的 IP 地址都有一个相同的网络地址,因此通过将数据报中的目的 IP 地址的网络地址与源站点 IP 地址中的网络地址相比较来确定数据报是否可以直接发送。

间接传输是指目的站点与源站点不在一个直接连接的网络上时,发送方必须把数据报发给一个路由器才能传送。IP 协议是 Internet 的网络层协议,它所面对的环境是由多个路由器或网关和物理网络所组成的网络。每个路由器可能连接不止一个物理网络,每个物理网络中可能连接若干台主机。IP 协议的任务则是提供一个虚构网络,找到下一个路由器和物理网络,把 IP 数据报从源主机无连接地、逐步地传送到目标主机,这就是 IP 协议的路由选择。IP 协议路由选择的主要依据是路由表,路由表是保存在每个路由器或网关中通向其他网络的路径信息,由目标网络地址和路由器标号组成。

既然在选择路由时路由表只根据目的站的网络号,那么就可以根据目的站的网络号来确定下一站路由器的位置,这样做可得出如下结论。

(1)所有到同一个网络的数据报都走同一个路由。

(2)只有最后一个路由器才试图与目的主机进行通信,因此只有最后一个路由器才知道目的主机是否在工作。可见需要安排一种方法,使最后一个路由器能将有关最后的交付情况报告给源站主机。

(3)由于每个路由器都独立地进行路由选择,因此从主机 A 发往主机 B 的数据报完全可能与主机 B 发回给主机 A 的数据报选择不同的路由。当需要进行双向通信时,就必须使多个路由器协同工作。

虽然 Internet 所有的路由选择都是基于目的主机所在的网络,但是大多数的 IP 路由选择软件都允许将指明对某一个目的主机的路由作为一个特例,这种路由叫作指明主机路由。采用指明主机路由可使网络管理人员能更方便地控制网络和测试网络,同时也可在需要考虑某种安全问题时采用这种指明主机路由。在对网络的连接或路由表进行排错时,指明到某一个主机的特殊路由就十分有用。

和节点交换机路由表的情况相似,路由器也可采用默认路由以减少路由表所占用的空间和搜索路由表所用的时间。

在 Internet 中一个路由器的 IP 层所执行的路由算法如下:

(1)从数据报的首部提取目的站的 IP 地址 D,得出目的站的网络号为 N。

(2)若 N 就是与此路由器直接相连的某一个网络号,则不需要再经过其他的路由器,而直接通过该网络将数据报交付给目的站 D(这里包括将目的主机地址 D 转换为具体的物理地址,将数据报封装为 MAC 帧,再发送此帧);否则,执行第(3)步。

(3)若路由表中有目的地址为 D 的指明主机路由,则将数据报传送给路由表中所指明的下一站路由器;否则,执行第(4)步。

(4)若路由表中有到达网络 N 的路由,则将数据报传送给路由表中所指明的下一站路由器;否则,执行第(5)步。

(5)若路由表中有子网掩码一项,就表示使用了子网掩码,这时应对路由表中的每一行,用子网掩码进行和目的站 IP 地址 D 相"与"的运算,设得出结果为 M。若 M 等于这一行中的目的站网络号,则将数据报传送给路由表中所指明的下一站路由器;否则,执行第(6)步。

(6)若路由表中有一个默认路由,则将数据报传送给路由表中所指明的默认路由器;否则,执行第(7)步。

(7)报告路由选择出错。

这里再强调一下,在 IP 数据报中始终不会出现下一站路由器的 IP 地址。在 IP 数据报的首部写上的地址是源站和目的站的 IP 地址。

在 IP 软件中的路由选择算法用路由表得出下一站路由器的 IP 地址后,不是将此 IP 地址填入 IP 数据报,而是送交下层的网络接口软件。网络接口软件负责将下一站路由器的 IP 地址转换成物理地址,并将此物理地址放在链路层的 MAC 帧的首部,然后用这个物理地址找到下一站路由器。由此可见,当发送一连串的数据报时,上述的这种查找路由表、计算物理地址、写入 MAC 帧的首部等过程,将不断地重复进行,增加了开销。

(四)ICMP 协议

为了提高 IP 数据报交付成功的概率,在网络互联层使用了因特网控制报文协议(internet control message protocol,ICMP)。ICMP 允许主机或路由器报告差错情况和提供有关异常情况的报告。ICMP 是因特网的标准协议,但不是高层协议,而是 IP 层的协议。ICMP 报文作为 IP 层数据报的数据,加上数据报的首部,组成数据报发送出去。

ICMP 报文的种类有两种,即 ICMP 差错报告报文和 ICMP 询问报文。ICMP 报文的前 4 B 是统一的格式,共有 3 个字段:类型、代码和校验和。接下来的 4 B 的内容与 ICMP 的类型有关。再后面是数据字段,其长度取决于 ICMP 的类型。ICMP 报文的类型字段的值与 ICMP 报文类型的对应关系如表 3-4 所示。

表 3-4　ICMP 类型字段的值与 ICMP 报文类型的对应关系

ICMP 报文类型	类型字段的值	ICMP 报文的类型
差错报告报文	3	终点不可达
	4	源站抑制(source quench)
	11	超时
	12	参数问题
	5	改变路由(redirect)
询问报文	8 或 0	回送(echo)请求或回答
	13 或 14	时间戳(time stamp)请求或回答
	17 或 18	地址掩码(address mask)请求或回答
	10 或 9	路由器询问(router solicitation)或通告

ICMP 报文的代码字段是为了进一步区分某种类型中的几种不同的情况。校验和字段用来校验整个 ICMP 报文。由于 IP 数据报首部的校验和并不校验 IP 数据报的内容,因此不能保证经过传输的 ICMP 报文不产生差错。

ICMP 差错报告报文共有 5 种:

(1)终点不可达:终点不可达分为网络不可达、主机不可达、协议不可达、端口不可达、需要分片但 DF 比特已置为 1 以及源路由失败等 6 种情况,其代码字段分别置为 0～5。当出现以上 6 种情况时就向源站发送终点不可达报文。

(2)源站抑制:当路由器或主机由于拥塞而丢弃数据报时,就向源站发送源站抑制报文,使源站知道应当将数据报的发送速率放慢。

(3)超时:当路由器收到生存时间为零的数据报时,除丢弃该数据报外,还要向源站发送超时报文。当目的站在预先规定的时间内不能收到一个数据报的全部数据报片时,就将已收到的数据报片都丢弃,并向源站发送时间超时。

(4)参数问题:当路由器或目的主机收到的数据报的首部中有的字段的值不正确时,就丢弃该数据报,并向源站发送参数问题报文。

(5)改变路由:路由器将改变路由报文发送给主机,让主机知道下次应将数据报发送给另外的路由器(可通过更好的路由)。对路由器来说,在因特网中各路由器之间要经常交换路由信息,以便动态更新各自的路由表。但在因特网中主机的数量远大于路由器的数量。主机如果也像路由器那样经常交换路由信息,就会产生很大的附加通信量,因而大大浪费了网络资源。因此,出于效率的考虑,连接在网络上的主机的路由表一般都采用人工配置,并且主机不和连接在网络上的路由器定期交换路由信息。在主机刚开始工作时,一般都在路由表中设置一个默认路由器的 IP 地址。不管数据报要发送到哪个目的地址,都一律先将数据报传送给网络上的这个默认路由器,而这个默认路由器知道到每一个目的网络的最佳路由。如果默认路由器发现主机发往某个目的地址的数据报的最佳路由不应当经过默认路由器而应当经过网络上的另一个路由器 R 时,就用改变路由报文将此情况告诉主机。于是,该主机就在其路由表中增加一个项目:到某某目的地址应经过路由器 R(而不是默认路由器)。

(五)TCP 和 UDP 协议

传输层有两个并列的协议:

TCP(transport control protocol,传输控制协议)、UDP(user datagram protocol,用户数据报协议)。

TCP 协议提供面向连接的可靠的服务,UDP 提供高效的但不可靠的服务,其可靠性由应用程序处理。

网络层处理的是使 IP 数据报从一个主机传送到另一个主机;而传输层是利用网络层提供的服务实现位于两个主机上的进程之间的通信。如果一个多用户系统中同时运行着若干进程,那么传输层接收的数据报交给哪一个进程呢?由此提出了协议端口(protocol port,简称端口)的概念。一个端口相当于 OSI/RM 协议中的一个 TSAP(传输服务访问点),实际上是一个软件结构,包括若干控制数据结构及输入/输出缓冲区。在 TCP/IP 网络中端口号用 16 位整数来表示,不同协议的端口号互不相干,因此 TCP 和 UDP 协议各有 655 356 个端口。进程总是通过端口来接收、发送数据的,在操作系统看来,进程通过端口读写数据与进程从文件系统读写数据差不多。一个用户进程想从一个远地的服务进程获取相应的数据,首先必须知道服务进程与哪一个端口联系在一起。在 TCP/IP 网络中将一个主机中的端口分为两部分,一部分称为保留端口,另一部分称为自由端口。保留端口由系统服务程序使用,不同主机上的同样服务程序占用相同的端口,常用的保留端口相当于 TSAP。自由端口由用户程序使用,必须首先向系统申请,然后与远地服务程序的端口建立联系才能传输数据。

1. UDP 协议

UDP 协议建立在 IP 协议之上,它增加了端口的功能,相当于多个进程可以共享 IP 数据报传输。UDP 报文的格式如图 3-6 所示。

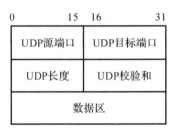

图 3-6 UDP 报文格式

其中,UDP 报文的长度为包括报头及数据区在内的字节数。UDP 校验和是一个可选项,置 0 表示未选择,以模 2 的反码表示。整个报文封装在 IP 数据报之中。

UDP 报文中不包括主机的地址,识别主机的工作由网络层(IP 软件)完成。但是 UDP 报文的校验和除 UDP 报头及数据以外,在计算时包括所谓的伪头标(pseudo header),其格式如图 3-7 所示。

图 3-7 UDP 伪头标格式

其中,填充段为全 0,协议指协议类型编码,UDP 类型为 17,UDP 长度指 UDP 报文的长度,但不包括伪头标。如果 UDP 校验和是正确的,则说明 UDP 的数据、UDP 的端口以及主机的地址一般是正确的。UDP 校验和是保证数据正确的唯一手段。伪头标只供计算校验和用,其 IP 地址要从 IP 数据报的报头中获取,这和严格的协议分层思想不同。

2. TCP 协议

TCP 协议提供面向连接的可靠的字节流服务。所谓面向连接,就是在传输数据之前必须先在两个不同主机的传输端口之间建立一条连接,一旦连接成功,在两个进程之间就建立起一条虚电路。虚电路如同一根流动数据的管道,发送进程向它输入数据,接收进程从它依次取出数据。TCP 协议的连接服务提供全双工的方式,由在相反方向上传送数据的两个独立的通道组成,可以同时在两个相反的方向上传送数据字节流。为了保证数据的可靠性,TCP 协议采用了确认与超时重传的机制。TCP 协议把通过连接而传送的数据看成是字节流,用一个 32 位整数将被传送的字节流编号,接收端对收到的字节流必须不时发回响应信息,告诉发送端下一次希望接收的字节流号。如果发送端对发出的字节流超过一定的时间限制还没有收到确认,那么重发该字节流。在存储转发的包交换中采用了超时重发的机制,也就可能引起数据报的延迟重复现象,从而损害数据的可靠性。因此传输层连接的建立采用了 3 次握手的方法。

传输层协议把从应用程序来的字节流划分成段,每段作为一个 TCP 报文,封装在 IP 数据报之中通过网间传输。

TCP 报文的格式如图 3-8 所示。其中源端口和目标端口都是传输层的端口号。序号是指本段 TCP 报文中的数据在被传输的字节流中的位置。确认号是一种捎带确认,它表示接收端希望接收的下一个字节流编号。头长度表示以 32 位为单位的 TCP 报头长度,保留域留作他用。窗口域是个 16 位的整数,它和确认号一样是由接收端发向发送端的信息,表示在已经被确认了的数据后面还允许发送端继续发多少字节的数据,它实际上是一个可变大小的窗口值。TCP 协议在传输连接上采用类似于滑动窗口的方法进行流量控制,窗口的大小用字节数目表示。引起窗口改变的因素除从 TCP 报文接收到的这个窗口值以外,在网络拥塞发生的情况下窗口就是接收端通告的值,也将发生改变,当有拥塞发生时窗口将减小一半,以减小注入网络的字节数,同时超时重传的时间区间也增大一倍,以尽量避免重复的数据报出现在网络中。

0								15 16	31
源端口								目标端口	
序号									
确认号									
头长度	保留	URG	ACK	PSH	PST	SYN	FIN	窗口	
校验和								紧急指针	
选项及填充字母									
数据									

图 3-8 TCP 报文的格式

TCP 协议报文只有一种格式,各种功能是靠其中的若干码位来实现的。传输层协议用户能见到的只是由操作系统提供的系统调用,例如 Socket(创建一个端口)、Connect(连接请求)、Accept(连接接受)、Send(发送数据)、Recv(接收数据)。

可以粗略地认为传输层协议有一个输入和一个输出字节流缓冲区,Send、Recv 调用在一般情况下都是把用户数据写入输入缓冲区或从输出缓冲区读出。

传输协议的实体维持一个主机上的输入缓冲区的数据经过传输连接(虚电路)传送到另一个主机上的输出缓冲区。在虚电路上总是一次传送一个 TCP 报文,但是报文的长度(不包括报头)可以小到 1 B,当然也不会大于 64 KB(因为 IP 最大为 64 KB)。为了提高效率,传输协议有时希望当缓冲区数据足够多时再把它们作为一个段(一个 TCP 报文)而推入传输管道。这种做法对于一个远程登录终端来讲非常不合适,在终端输入一个键盘命令后终端等待主机的回答,然而这个键盘命令正在等待与它结伴而行的同伙,根本还没有往主机走。

为此传输层提供了一种强迫数据传送机制,只要应用程序发出一个推入(Push)命令,传输层立即将缓冲区的内容形成段而传输出去。对于被 Push 操作而推入的数据,TCP 报文中码位 PSH 置为 1,接收端的 TCP 软件对于 PSH 置 1 的报文将立即交给应用程序。码位中 ACK 置 1 表示该 TCP 报文中含有接收端的确认信息。ACK 位还和 SYN 共同表示连接请求与响应,当 SYN=1 与 ACK=0 时表示该报文作连续请求用;当 SYN=1 与 ACK=1 时,该报文用作连接响应报文。码位中的 RST 置 1,代表要求传输连接复位。TCP 协议不像一般的传输层协议对在传输层连接上顺序传送的报文包进行编号,而是对其上顺序传送的字节流进行编号。码位中的 FIN 表示字节流的最后一段,再没有数据要发送,在这个方向的连接拆除。

TCP 协议提供的字节流服务总是先进入缓冲区的字节也首先被传输,在接收端首先从传输管道中出来。为了处理一些特别需要的紧急的传输,TCP 协议提供了一个紧急处理手段,这就是 URG 位。如果 URG 置 1,表示此段 TCP 报文中有紧急数据,该数据的起始位置由紧急指针域表示。接收端的 TCP 软件接收到 URG 为 1 的报文,将首先对它作处理或者首先递交给应用程序。因此 URG 功能相当于一般传输协议中的加速数据传输或带外(out of band)数据传输的功能。

(六)IPv6 协议

Internet 协议第 4 版(IPv4)为 TCP/IP 协议和整个 Internet 提供了基本的通信机制。自 1970 年发布该协议,已沿用至今,在此期间,处理器的性能提高了几个数量级,典型的存储器容量提高了几十倍,Internet 主干网带宽提高了成百上千倍,Internet 上主机的数量已达千万。虽然 IPv4 的设计是比较完善的,但随着技术和应用的发展,尤其是 Internet 用户的飞速增加,IP 地址空间很快会耗尽,迫切需要对 IPv4 进行更新。在最初设计 IP 时,一个 32 位地址空间是很充裕的。但至今,32 位 IP 地址空间已不能满足 Internet 的飞速增长。

除了地址空间需要扩展以外,还有一些其他因素也要求改变现有的 IP 设计,以满足日益增加的各种新的应用需求。例如,实时话音和图像通信要求低的延迟,新版的 IP 应当提供一种机制,能为特定应用预留资源。又如,一些新的应用需要安全通信,新版的 IP 应具有鉴别发送者的安全机制。

新版的 IP 已正式命名为 IPv6,它保留了 IPv4 许多特点。IPv6 仍支持无连接传送,允许发送方选择数据报大小,要求发送方指明数据报在到达目的站前的最大跳数。IPv6 保留了 IPv4 中的大多数选项,包括分段和源站路由选择。

但是,IPv6 对 Ipv4 协议细节作了许多修改。例如:IPv6 使用更大的地址空间;增加了一些新的特征;全部修改了 IPv4 的数据报格式,用一系列固定格式的报头取代了 IPv4 可变长度的选项字段。IPv6 对 IPv4 的修改体现在以下 5 个方面:

(1)IPv6 将原来的 32 位地址空间增大到 128 位地址空间。IPv6 的地址空间在可预见的将来是不会耗尽的。

(2)IPv6 使用一种全新的、不兼容的数据报格式。在 IPv4 中,使用固定格式的数据报报头,在报头中,除选项以外,所有的字段都在一个固定的偏移位置上占用固定数量的 8 位组数,而 IPv6 使用了一组可选的报头。

(3)IPv6 允许数据报包含可选的控制信息,增加了 IPv4 不具备的选项,提供新的功能。

(4)IPv6 提供一种新的机制,允许对网络资源预分配,取代了 IPv4 的服务类型说明。这些新的机制支持实时话音和视像等应用,保证一定的带宽和延迟。

(5)IPv6 允许新增特性,协议不需描述所有细节。这种扩展能力使协议能适应底层网络硬件的改变和各种新的应用需求。

1. IPv6 数据报格式

IPv6 数据报的一般格式如图 3-9 所示。IPv6 数据报有一个固定大小的基本报头。其后可以允许有多个扩展报头,也可以没有扩展报头,扩展报头后是数据。

图 3-9 IPv6 数据报格式

虽然 IPv6 容纳更大的地址空间,但它的基本报头所含信息却比 IPv4 还要少。IPv4 数据报报头中的选项和一些固定字段移到了 IPv6 的扩展报头。每个 IPv6 数据报以一个 40 个 8 位组的基本报头开始。该基本报头包含源地址和目的地址、最大跳数限制、数据流标号以及下一个报头的类型。可见 IPv6 数据报除了数据之外,至少还要有 40 个 8 位组的报头。

与 IPv4 数据报报头格式比较,IPv6 数据报报头格式有下面一些变化:取消了报头长度字段,数据报长度字段被载荷长度字段代替;源地址和目的地址字段大小增加为每个字段占 16 个 8 位组;分段信息从基本报头的固定字段移到扩展报头;生存时间字段改为跳数极限字段;服务类型字段改为数据流标号字段;协议字段改为指明下一个报头类型字段。

IPv6 的扩展报头与 IPv4 的任选项相似。每个数据报包含的扩展报头只提供所需要的功能,如分段、源站路由选择以及鉴别等功能。

2. IPv6 地址空间

在 IPv6 中,每个地址占 128 位,是 IPv4 地址长度的 4 倍。

IPv4 使用的点分十进制表示方法显然不能简洁地表示这些地址。IPv6 的设计者建议使用冒号十六进制表示。它将每个 16 位的值用十六进制表示,并用冒号将其分隔。例如,用点分十进制表示的 128 位数为:

104.230.140.100.255.255.255.255.0.0.17.128.150.10.255.255

可用冒号十六进制表示为:

68E6:8C64:FFFF:FFFF:0:1180:96A:FFFF

冒号十六进制表示与点分十进制表示相比,只需更少的数字和更少的分隔符,具有明显的优点。

如同 IPv4 一样,IPv6 将一个地址与一个特定的网络连接相关联,而不是与一个特定的计算机相关联。地址的分配也类似于 IPv4。IPv4 对一个物理网分配一个地址前缀,即网络地址,IPv6 保留了这种地址体系,且有所扩展。为了地址分配和修改的方便,IPv6 允许对给定的网络分配多个前缀,也允许对一个主机的给定接口同时分配多个地址。

IPv6 有 3 种基本地址类型,它们是单播(unicast)地址、任播(any cast)地址和组播(multicast)地址。单播地址即目的地址指明一台计算机或路由器,数据报选择一条最短的路径到达目的站。任播地址即目的站是共享一个网络地址的计算机的集合,数据报选择一条最短路径到达该组,然后传递给该组最近的一个成员。组播地址即目的站是一组计算机,它们可以在不同地方,数据报通过硬件组播或广播传递给该组的每一成员。

怎样管理地址分配以及怎样将地址映射到一条路由是地址空间分配的两个主要问题。第一,涉及地址管理体系。目前,Internet 使用两级地址管理体系,网络地址由 Internet 管理机构分配,主机地址由各单位自行分配。但 IPv6 有些不同,允许用多级体系或多个体系等级来管理地址分配。第二,涉及计算的效率。它是独立于分配地址的管理体系。路由器必须检查每个数据报,并选择通往目的站的路径。为了使高速路由器的开销小,选择路由的处理时间一定要小。

IPv6 地址空间中,有一小部分用于对 IPv4 地址编码,对任何地址若开始 80 位是全零,接着 16 位是全 1 或全零,则它的低 32 位就是一个 IPv4 地址。除了上述地址编码的规定外,为了解决 IPv4 与 IPv6 两种不同版本的互操作问题,还需使用转换器。IPv6 计算机生成一个含有 IPv4 目的地址,但使用 IPv6 编码的数据报,IPv6 计算机将数据报发送给转换器,转换器使用 IPv4 与目的站通信。当它从目的站收到回答时,将 IPv4 数据报转换为 IPv6 数据报,并发回给 IPv6 源站。

3. IPv4 到 IPv6 的过渡策略

目前,Internet 运行的是 IPv4 协议,要实现到 IPv6 网络的转变,不可能所有机器同时升级软件。因此,过渡阶段是必然存在的,所以有必要讨论过渡策略。

(1)主机的演化。运行 IPv6 协议的主机必然是从少到多,在此过程中 IPv6 主机还必须维持与 IPv4 的连接。因此过渡阶段 IPv6 主机运行的是双协议栈(dual stack),IPv6 主机还有一个完整的 IPv4 的实现,这就意味着在网络层 IPv6 与 IPv4 共存。

IPv6 的基本框架与 IPv4 相差不多,以 IPv4 为基础实现 IPv6 不是很困难,困难的是管理两类地址。对此,域名服务(DNS)将发挥很大的作用。选择哪一个协议来传输报文,将由主机在建立 TCP 连接时确定,其依据是地址解析得到的 IP 地址类型。过渡阶段里,DNS 服务器中的记录将同时包括 IPv4 的 32 位记录和 IPv6 的 128 位记录,DNS 服务器经过少量修改就可以处理两种记录。主机解析域名前,可以在环境变量中指定先进行 IPv6 地址解析,在 IPv6 解析失败后再进行 IPv4 地址解析。

双协议栈的策略是假设 DNS 服务器能解析 IPv6 地址,所以在存在 IPv4 的情况下,真正要升级软件的只是提供 IPv6 功能的主机和 DNS 服务器的解析器。

(2)路由器的升级。升级路由器是比较复杂的,因为 IPv6 和 IPv4 在 IP 报文的格式上相差很远。路由器必须为 IPv6 配备全新的报文转发、路由协议和网络管理软件。当前的路由器本身就支持多协议的运行,再增加一个 IPv6 不会有太大的问题。

(3)网络结构的升级。要运行 IPv6,至少应该保证通过 IPv6 传送的报文能到达目的地,也就是说 IPv6 主机间能建立连接。此外,IPv6 连接的性能应该很好,否则没有充分的理由从 IPv4 向其过渡。

IPv6 的网络结构必然也是局部子网加路由器的形式。在本地的 IPv6 主机由局部网络连接,局部网络再由 IPv6 路由器相互连接,IPv6 路由器间的连接则成树状或网状,最终形成全球连接。为了充分利用 IPv4 的资源,IPv6 网络应该覆盖在 IPv4 网络上,以虚拟网的形式运行。在经历了过渡过程后,IPv4 网络也就顺利成为 IPv6 网络。因此在过渡阶段,支持 IPv6 的路由器间的链路应该采用 IP 隧道技术(tunneling)。IP 隧道技术基本原理如下:假设两个 IPv6 主机要使用 IPv6 报文传输,但是中间要通过 IPv4 路由器进行互联。将两个 IPv6 路由器之间的 IPv4 路由器集合称为一个隧道。在隧道技术中,隧道发送方的 IPv6 主机将整个 IPv6 报文取出放入一个 IPv4 报文的数据字段中,然后这个 IPv4 报文被标明要发送到隧道接收方的 IPv6 主机上,然后发送到隧道中的第一个节点上。隧道中间的 IPv4 路由器将这个报文在它们之间进行传送,就像传送其他的报文一样,它们完全不知道这个 IPv4 报文本身包含着一个完整的 IPv6 报文。隧道接收方的 IPv6 主机最终接收到了这个 IPv4 报文,确定里面包含着一个 IPv6 报文,将这个 IPv6 报文提取出来,并且继续传送,就好像这个 IPv6 报文是从一个直接连接的 IPv6 邻接点传送过来的一样。隧道技术的好处在于使物理上不连接的 IPv6 路由器间能建立一条虚连接,使 IPv6 可以利用 IPv4 的报文传输能力建立通信。

隧道技术虽然解决了 IPv6 的连接问题,但是它自身的性能还有待改进。首先,如何确定隧道的路由度量值。隧道建立在 IPv4 上,IPv4 网络中路由的改变必然改变隧道的度量值,在 IPv4 仍保持连通的情况下,寻找改变隧道度量值的优良算法显然是很困难的。其次,IPv4 网络是无服务质量保证的网络,如何保证基于 IPv4 网络的 IPv6 性能是一个难题。预留带宽也许是一个方法,但是当隧道经过的路由数较多时,会存在很多管理上的问题。最后,需要确定隧道最优的最大传输单元(MTU)。MTU 是 IP 报文的最大长度。如果 IP 报文长度大于 MTU,路由器就必须将其分片传输,这不但使目的主机的重组开销增加,而且因单片传输失败而导致整个报文丢失的概率也会增加。IPv6 路由器也许只能通过定期探测的方法来动态修改 MTU。

二、网络互联设备

网络互联设备的作用是连接不同的网络。用互联设备实现网络互联的方法通常是在通信的两个网络间选择一个相同的协议层作为互联基础。如果两个网络的第 n 层及以上的协议都相同,则网络互联设备可以在这一层上进行互联,通常称该设备为第 n 层网络互联设备。根据网络互联所在的层次,常用的互联设备分为以下几类:

(1)物理层互联设备:通常称为转发器(repeater),主要以比特的形式转发数据包。将数据包以比特的形式从一种介质转换到另一种介质或从一段介质转换到相同的另一段介质。物理层的互联设备主要有中继器和集线器。

(2)数据链路层互联设备:通常称为桥接器。数据链路层的桥接设备以数据帧为单位进行数据转发。它可以把从一条链路上收到的数据帧,经过检查链路层协议的帧头后传送到另一条链路上。数据链路层上实现互联的设备主要有网桥和交换机。

(3)网络层互联设备:通常称为路由器。网络层互联主要解决路由选择、拥塞控制、差错处理和分段等技术问题。

(4)高层互联设备:在网络层以上各层间进行的互联一般统称为高层互联,实现高层互联的设备统称为网关和应用网关。

下面将对各层互联设备的功能与特性进行介绍。

(一)物理层互联设备

1. 中继器(repeater)

中继器(repeater)又称重发器,是一种低层网络互联设备,它工作在 OSI 7 层参考模型的物理层,使网络在物理层实现互联。中继器可以将不同传输介质的同类局域网连接在一起,主要用来实现物理信号的放大与再生,以延长局域网的网段长度,从而扩大局域网的覆盖范围;或将两个总线形网络连接在一起。

中继器最典型的应用是连接两个以上的以太网电缆段,目的是延长网络的长度,但其延长是有限的。集线器(hub)是一种典型的多端口的中继器,用于连接双绞线介质或光纤介质以太网系统,是构建以太网的核心设备。

中继器具有如下特性:①中继器作用于物理层。②只有简单的放大、再生物理信号的功能。③由于中继器工作在物理层,在网络之间实现的是物理层连接,因此中继器只能连接相同的局域网。换句话说,用中继器互联的局域网应具有相同的协议和速率。④中继器可以连接相同或不同传输介质的同类局域网。⑤中继器将多个独立的物理网络连接起来,组成一个大的物理网络。可见,用中继器连接成的网络在物理上是一个网络。⑥由于中继器在物理层实现互联,所以它对物理层以上各层协议(数据链路层到应用层)完全透明。也就是说,中继器支持数据链路层及其以上各层的任何协议。

2. 集线器(hub)

集线器其实是一种特殊的中继器,它的一个端口和主干网连接,而其他端口连接一组工作站。图 3-10 就是一个集线器的实物图。

图 3-10 集线器实物图

在以太网中,集线器通常支持星形或者混合型的拓扑结构,而且集线器能够支持多种不同的数据传输速率和传输介质。

普通的集线器和前面所讲的中继器一样,可以被动地转发信号。但是,智能型集线器具有内部处理能力,例如可以接受远程管理、过滤数据或者是提供对网络的诊断信息。

在设计网络时,集线器的位置可以有所不同。最简单的结构就是使用一组独立的集线器和其他的网络设备相连,如路由器等。通常在设计中,用一台集线器服务于一个工作组。这样就能够把网络中可能出现的问题分散到各个节点,也可以减少切换次数和管理数据的工作量。

3.集线器的种类

根据集线器的功能的不同,可以将集线器分成不同的类型。

(1)独立式集线器。独立式集线器服务于一个计算机工作组,是与网络中的其他设备隔离开的。它可以通过双绞线、同轴电缆或者光纤和其他的集线器相连接。独立式集线器使用起来比较方便,一般用在较小的独立部门,例如办公室、实验室或者家庭环境中。

独立式集线器可以是被动式的,也可以是智能型的。它的端口数目是不固定的,少的有4个、8个端口,多的则有16个、32个端口。

(2)堆叠式集线器。堆叠式集线器通常用在一个小型的局域网中。它类似于独立式集线器,和其他的集线器连接在一起,被放在一个单独的电信柜里。从逻辑上看,它代表了一个大型集线器。

堆叠式集线器可堆叠的集线器数目是不同的,可以有5~8个。

(3)模块式集线器。有一种集线器,它和个人计算机一样具有自己的主板和插槽,可以在插槽上插入不同的适配器。这样的集线器就是模块式集线器。

模块式集线器通过底盘提供了大量的可以选择的接口选项,这使它使用起来比独立式集线器、堆叠式集线器更加灵活、方便。通过集线器上的插槽,模块式集线器可以与其他类型的集线器、路由器、广域网相连接,也可以与令牌网或以太网的主干网相连接。同时,也可以将这些模块式的集线器连接到管理工作站或者冗余设备上,如备用电源,提高了可靠性。模块式集线器的可靠性是所有集线器里面最高的,价格也最贵。

(4)智能型集线器。智能型集线器可以接受远程管理、过滤数据或者提供对网络的诊断信息。由于可以在网络中的任何地方对它进行管理,因此智能型集线器也称为管理型集线器。

上面所讲的独立式集线器、堆叠式集线器和模块式集线器都可以是智能型集线器。

智能型集线器的优点是它具有分析数据的能力。网络管理员可以把智能型集线器产生的信息存储在管理系统库里面。网络管理员可以通过管理系统库得到系统运行的情况,对出现的问题可以进行设置以发出报警信号、分辨错误信息和解决所出现的问题。

由于智能型集线器的价格昂贵,而且功能也比较多,因此要在有必要的场合才使用它,以节约成本,同时减少不必要的麻烦。

(二)数据链路层互联设备

1. 网桥(bridge)

网桥又称桥接器,是一种在数据链路层实现局域网互联的存储-转发设备。网桥从一个局域网接收 MAC 帧,经拆封、校验之后,按另一个局域网的格式重新组装,发往它的物理层。由于网桥是数据链路层设备,因此不处理数据链路层以上各层协议所加的报头,并且不允许对这些高层协议头进行修改。

网桥实现数据链路层上的帧中继,通常用于连接已采用转发器扩充的局域网络。网桥互联的网络执行相同的链路层协议,但是可以允许采用不同的物理层协议。例如,100 Mbit/s 以太网 100BaseT 网络中利用中继器可以动态连接 10BaseT 的终端设备。网桥可以根据数据帧中接收端的 MAC 地址判断是否需要将该数据帧转发到其他网络,故可以将网桥认定为智能转发器。网桥技术可以用于距离较远(如几千米)的不同局域网的互联,或者用于一个负载量比较大的物理网络中,以隔离业务,保证任意网段具有较高的传输速率。

由于 LAN 中链路层又分为 MAC 和 LLC 两个子层,相应网桥也分为 MAC 网桥和 LLC 网桥。其中,MAC 网桥必须连接相同的 LAN(类似于转发器),而 LLC 网桥可以连接不同类型的网络(如 IEEE 802.3 网络和 IEEE 802.4 网络相连)。交换机实际上是一种 MAC 网桥,用于在数据链路层上推进数据的传送。在概念和操作上,计算机网络中的交换机和 PSTN 交换机是一致的。

网桥不仅可以用于链路层上不同物理网络的互联,同时可以将同一个逻辑网络在物理上划分成若干网络。由于网桥决定了数据帧是否向其他网络转发,从而实现了将任意物理网络内部的通信隔离在该网络内部,增加了网段内部计算机间的可传输数据速率,提高了整个网络的性能。这实际上就是网桥和转发器的最大区别。

网桥带来的好处是能匹配不同端口的速度,以数据帧为单位进行存储和转发,对数据帧进行检测和过滤,提高网络带宽,连接不同传输媒质和不同局域网,扩大网络地理范围和工作站最大数目,提高可靠性。

网桥的标准有两个,即透明网桥(transparent bridge)和源路由网桥(source-routing bridge,SRB),它们分别由 IEEE 802.1 和 IEEE 802.5 两个分委员会制定。

透明网桥是由 DEC 公司针对以太网提出的网桥技术。透明网桥的基本思想:网桥自动识别每个端口所接网段的 MAC 地址,形成一个地址映像表。网桥每次转发帧时,先查目的站点。如查到,则向相应端口转发;如查不到,则向除接收端口之外的所有端口转发或扩散(flood)。透明网桥的工作原理如图 3-11 所示。

在图 3-11 中,网桥 B1 连接 LAN1 和 LAN2,网桥 B2 连接 LAN2、LAN3 和 LAN4。LAN1 中站点发出的帧到达网桥 B1 且目的地址为 A1 的帧可以立即被丢弃,这是因为 A1

在 LAN1 上；而目的站点为 A3、A4 或 A6 的帧，则必须经过网桥 B1 转发。在网桥接收到一帧后，必须决定是转发还是丢弃该帧。若需要转发，则必须决定发往网桥的哪个端口。这需要通过查阅网桥中地址映像表来确定，该地址映像表可列出每个可能的目的站点地址，以及它将通过网桥的哪个端口。透明网桥是通过逆向学习算法（backward learning）来填写地址映像表的。当网桥刚接入时，其地址映像表是空的，此时，网桥采用扩散技术将接收的帧转发到网桥的所有端口上（接收端口除外）。透明网桥通过查看转发帧的源地址就可以知道通过哪个 LAN 可以访问某个站点。在图 3-11 中，网桥 B1 从 LAN2 上接收到来自 A3 的帧，那么它就可以得出结论：经过 LAN2 肯定能到达 A3。于是，网桥 B1 就在其地址映像表中添上一项，注明发往站点 A3 的帧应经过 LAN2。如果以后网桥 B1 收到来自 LAN1 且目的地址为 A3 的帧，它就按照该路径转发；如果收到来自 LAN2 且目的地址为 A3 的帧，则将此帧丢弃。

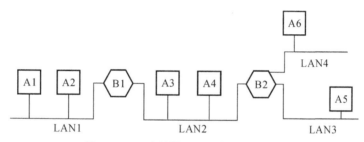

图 3-11 4 个局域网和 2 个网桥的配置

源路由网桥是由 IBM 公司针对其 802.5 令牌环网提出的一种网桥技术，属于 IEEE 802.5 的一部分。其核心思想是发送方知道目的站点的位置，并将路径中间所经过的网桥地址包含在帧头中一并发出，路径中的网桥依照帧头中的下一站网桥地址将帧一一转发，直到将帧传送到目的地。

需要注意的是，源路由网桥必须对 802.5 的帧格式进行扩充。如果 802.5 帧格式中的源地址字段最高位为"1"，则表明源地址字段之后还有一个路由信息字段（route information field，RIF），该字段包含了如何到达目的节点的路径信息。802.5 帧格式中的源地址字段最高位称为路由信息标识符（route information indicator，RII）。源路由网桥只关心源地址字段中 RII 位为"1"的帧。对于这些帧，网桥扫描 RIF 字段并根据 RIF 中的路由信息进行帧的转发。

与中继器只是在比特到达时将其复制的特点不同，网桥是一个存储-转发设备。网桥接收一个整帧，并将它向上传送到数据链路层检验。然后，该帧再下传到物理层，转发到另一个不同的网络。

2. 第二层交换机

第二层交换机是 OSI 7 层模型中数据链路层上的网络连接设备，与网桥一样，它能够解析出 MAC 地址信息。它的作用相当于多个网桥。图 3-12 所示为一个交换机的实物图。

第二层交换机的所有端口共享同一个指定的带宽。它的每个端口都扮演了一个网桥的角色，而且每一个连接到交换机上的设备都可以享有它们自己的专用信道，也就是说，交换机可以把每个共享信道分成几个信道。

图 3-12　交换机的实物图

第二层交换机的每个输出端口可以连接一个集线器,也可以单独地连接一个节点,让该节点独占带宽。第二层交换机通常用于局域网,也可以用于广域网。在局域网中,以太网交换机比较常见。

(1)第二层交换机的交换方式。第二层交换机主要有 3 种交换方式:

1)直接交换方式。交换机只要接收并检测到目的地址字段后就立即将该帧转发出去,而不管这一帧数据是否出错。帧出错检测任务由节点主机完成。这种交换方式的优点是交换延迟时间短,缺点是缺乏差错检测能力,不支持不同输入/输出速率的端口之间的帧转发。

2)存储转发交换方式。交换机首先完整地接收发送帧,并先进行差错检测。如果接收帧是正确的,则根据帧目的地址确定输出端口号,再转发出去。这种交换方式的优点是具有帧差错检测能力,并能支持不同输入/输出速率的端口之间的帧转发,缺点是交换延迟时间将会增长。

3)改进的直接交换方式。它将上面两种方式结合起来,在接收到帧的前 64 B 之后,判断数据帧的帧头字段是否正确,如果正确则转发,否则丢弃。这种方法对于短的数据帧来说,其交换延迟时间与直接交换方式比较接近;而对于长的数据帧来说,由于它只对帧的地址字段与控制字段进行了差错检测,因此交换延迟时间将会减少。

(2)第二层交换机的主要技术特点。这里给出最常用的局域网交换机的技术特点:

1)低交换传输延迟。从传输延迟时间的数量级来看,局域网交换机的传输延迟为几十,网桥为几百微秒,而路由器为几千微秒。

2)高传输带宽。对于 100 Mbit/s 端口的交换机,半双工端口的带宽为 100 Mbit/s,全双工端口的带宽为 200 Mbit/s。

3)允许不同的传输速率共存,例如 10 Mbit/s、100 Mbit/s 共存。交换机能完成不同端口速率之间的转换。

4)可以用局域网交换机组建虚拟局域网。

(三)网络层互联设备

1.路由器

路由器工作于网络层。通常把网络层地址叫作逻辑地址,把数据链路层地址叫作物理地址。物理地址通常是由硬件制造商指定的,例如每一块以太网卡都有一个 48 位的 MAC 地址。这种地址由 IEEE 管理(给每个网卡制造商指定唯一的前 3 个字节值),任何两个网卡不会有相同的地址。逻辑地址是由网络管理员在组网配置时指定的,这种地址可以按照网络的组织结构以及每个工作站的用途灵活设置,而且可以根据需要改变。

逻辑地址也叫软件地址,用于网络层寻址,标识工作站所在的网络段,也标识了网络中唯一的工作站。路由器根据网络逻辑地址(而不是物理地址)在互联的子网之间传递分组,一个子网可能对应于一个或几个物理网络段,所以,逻辑地址实际上是由子网标识和工作站硬件地址两部分组成的。

路由器适合于连接复杂的大型网络,它工作于网络层,因而可以用于连接 OSI 参考模型下面 3 层执行不同协议的网络,协议的转换由路由器完成,从而消除了网络层协议之间的差别,通过路由器连接的子网在网络层之上必须执行相同的协议。

由于路由器工作于网络层,它处理的信息量比网桥要多,因此处理速度比网桥慢。但路由器的互联能力强,可以执行复杂的路由选择算法。在具体的网络互联中,采用路由器还是采用网桥,取决于具体的环境和需要。

有种互联产品叫作桥路由器(brouter),它实际上是具有网桥功能的路由器。由于路由选择算法都是针对某些具体的网络协议设计的,因此一个路由器不可能支持所有的网络层互联。

桥路由器可以支持大部分最常用的网络协议,对不支持的网络协议可以用网桥的功能进行转发。换言之,桥路由器首先检查分组的格式,对支持的分组用网络层协议进行转换,对不支持的分组用链路层协议进行转发,而不是简单地丢弃。

有的网桥制造商在网桥上增加了一些智能设备,从而可以进行复杂的路由选择,这种互联设备叫作路由桥(routing bridge)。路由桥虽然能够运行路由选择算法,甚至能够根据安全性要求决定是否转发数据帧,但由于它不涉及第三层协议,所以还是属于工作在数据链路层的网桥设备,它不能像路由器那样用于连接复杂的广域网络。

2. 第三层交换机

(1)第三层交换机的工作原理。要说明第三层交换机的工作原理,可以先看传统交换机和路由器的实现原理。

简单地说,传统的局域网交换机是从网桥发展来的,属于第二层介质存取控制子层次设备。它是一个可以将发送方源地址与接收方目的地址连接起来的网络设备,该设备可以根据数据单元中的头信息,将来自一个或多个输入端口的信元或帧移动到一个或多个输出端口,完成信息发送过程的交换。显然,第二层交换机的最大好处是数据传输快,因为它仅需要识别数据帧中的 MAC 地址,而直接根据 MAC 地址产生选择转发端口的算法又十分简单,便于采用 ASIC(专用集成电路)芯片实现。因此,第二层交换机的解决方案实际上是一个"处处交换"的廉价方案,虽然也能支持子网划分和广播限制等基本功能,但控制能力较小。

传统的路由器属于第三层设备,它是根据 IP 地址寻址和通过路由表路由协议来实现路由功能的。传统路由器在局域网中的作用主要是路由转发、网络安全和隔离广播等,即在完成子网的网间连接的同时,还可以隔离子网间的广播风暴,可以控制一个网络非法信息进入另一个网络中。由于在路由转发中,路由器普遍采用的技术是最长匹配方式,而该方式实现起来非常复杂,所以只能利用软件来完成,自然会对网络带来一定的延迟。

由此可见,传统交换机是同一网络系统中主机之间端口连接的网络设备,传统路由器是同类或异类网络系统中各子网之间连接的网络设备。

再来看一下第三层交换机。第三层交换机实际上是将传统交换机与传统路由器结合起来的网络设备,它既可以完成传统交换机的端口交换功能,又可以完成部分路由器的路由功能。当然,这并不是简单的物理结合,而是各取所长的逻辑结合。其中最重要的表现是,在某一信息源的第一个数据流进入第三层交换机后,其中的路由系统将会产生一个 MAC 地址与 IP 地址映射表,并将该表存储起来,当同一信息源的后续数据流再次进入第三层交换机时,交换机将根据第一次产生并保存的地址映射表,直接从第二层由源地址传输到目的地址,而不再需要经过第三层路由系统处理,从而消除了路由选择时造成的网络延迟,提高了数据包的转发效率,解决了网间传输信息时路由产生的速率瓶颈。

综上所述,第三层交换机是将第二层交换机和第三层路由器两者优势结合成一个有机、灵活并可在各层次提供线速性能的整体交换方案。第三层交换所支持的策略管理属性,不仅使第二层与第三层相互关联起来,而且还提供了流量优先化处理、安全以及中继、虚拟网和内联网的动态部署等多种功能。另外,第三层交换的目标也非常明确,即只需在源地址和目的地址之间建立一条更为直接快捷的第二层通路,而不必经过路由器来转发同一信息的每个数据包。

事实上,第三层交换方案是一个能够支持所有层次动态集成的解决方案,虽然这种多层次动态集成也能由传统路由器和第二层交换机搭载一起完成,但这种搭载方案与采用第三层交换机相比,不仅需要更多的设备配置、更大的空间、更多的布线和更高的成本,而且数据传输性能也要差得多,因为在海量数据传输中,搭载方案中的路由器无法克服传输速率瓶颈。

(2)第三层交换机的优势。第三层交换机具有以下优势:

1)子网间传输带宽可任意分配。传统路由器的每个串口都可以连接一个子网,而这种通过路由器进行传输的子网速率就会受到接口带宽的直接限制。第三层交换机则不同,它可以把多个端口定义成一个虚拟局域网,把多个端口组成的虚拟局域网作为虚拟局域网接口,该虚拟局域网内的信息可通过组成虚拟局域网的端口发给第三层交换机,由于端口数可任意指定,子网间的传输带宽是没有限制的。

2)能合理配置信息资源。利用第三层交换机连接的网络系统中访问子网内资源速率和访问全局网中资源速率没有区别。这样,可直接通过在全局网中来设置服务器群,在保证内联网宽带传输速率的前提下,不仅可以节省费用,还能利用服务器集群的软硬件资源优势,做到合理配置和管理所有信息资源,而路由器组网是很难做到的。

3)能降低成本。在企业网络设计中,人们通常只用第二层交换机构成同一广播域子网,用路由器进行各子网间的互联,使企业网络形成一个内联网,而路由器的价格较高,所以支持内联网的企业网络无法在设备上降低成本。目前,人们采用第三层交换机进行内联网络系统设计时,既可以进行任意虚拟子网划分,又可以通过交换机三层路由功能完成子网间的通信,即建立子网与内联网都可以由交换机完成,大大节省了价格昂贵的路由器。

4)交换机之间连接灵活。在计算机网络通信设备中,交换机之间是不允许存在任何回路的,而作为路由器,可以采用多条通路(如主备路由)来提高网络的可靠性和负载平衡。

从上面的介绍可以看出,不管是第二层交换机还是第三层交换机,它们终究都属于网桥类,是数据链路层的设备,第三层交换机也只是实现路由器的部分第三层路由功能,使其具有线速转发报文能力。因此,它们都只用于 LAN-WAN 的连接。路由器则能用于 WAN-WAN 之间的连接,作用于网络层中的分组交换设备,具有协议交换能力,主要功能是可以解决异构网络之间的数据包的分组转发,这种分组转发原理只是从一条线路上接收输入分组,然后向另一条线路转发,这两条线路可能分属于不同拓扑网络,并采用不同协议,这点又是第三层交换机无法做到的,也是与路由器的主要区别。

综上所述,第三层交换机非常适用于局域网,而路由器可在广域网中发挥作用,也就是说,第三层交换机无法适应网络拓扑各异、传输协议不同的广域网环境。但近年来,随着第三层交换机技术的不断发展与创新,第三层交换机的应用已从企业网络环境的骨干层、汇聚层,开始渗透到网络边缘接入层,尤其是小区宽带网络的发展,第三层交换机完全适合放置在小区中心和多个小区的汇聚层位置。所以说,第三层交换机虽然无法替代路由器,但却完全动摇了企业路由器的地位,即在企业内联网系统中,第三层交换机正在取代路由器。

(3)第三层交换机的种类。第三层交换机可以根据其处理数据的不同而分为纯硬件和纯软件两大类。

1)纯硬件的三层交换机相对来说技术复杂、成本高,但是速度快、性能好、带负载能力强。其原理是,采用 ASIC 芯片,采用硬件的方式进行路由表的查找和刷新。在数据由端口接口芯片接收进来以后,首先在二层交换芯片中查找相应的目的 MAC 地址,如果查到,就进行二层转发,否则将数据送至三层引擎。在三层引擎中,ASIC 芯片查找相应的路由表信息,与数据的目的 IP 地址相比对,然后发送 ARP 数据包到目的主机,得到该主机的 MAC 地址,将 MAC 地址发到二层芯片,由二层芯片转发该数据包。

2)基于软件的三层交换机技术较简单,但速度较慢,不适合作为主干。其原理是,采用软件的方式查找路由表。在数据由端口接口芯片接收进来以后,首先在二层交换芯片中查找相应的目的 MAC 地址,如果查到,就进行二层转发,否则将数据送至 CPU(中央处理器)。CPU 查找相应的路由表信息,与数据的目的 IP 地址相比对,然后发送 ARP 数据包到目的主机得到该主机的 MAC 地址,将 MAC 地址发到二层芯片,由二层芯片转发该数据包。

(4)第三层交换机的应用领域。目前,普遍应用于企业网络中的第三层交换机技术,主要是虚拟局域网,因为虚拟局域网打破了传统网络许多固有观念,可使网络结构更加灵活、多变、方便和随心所欲。市场上主流的接入第三层交换机主要有思科公司的 Catalyst2948G-L3 和 Extreme 的 Summit24 等。此外,如神州数码网络、TCL 网络和紫光网联等国产网络厂商也已推出了第三层交换机产品。

(五)高层互联设备

实现高层互联的设备统称网关。网关又称网间连接器或协议转换器,实现传输层上的互联,是最复杂的网络互联设备,仅用于两个高层协议不同的网络互联。网关的结构和路由器类似,不同的是互联层。网关既可以用于广域网互联,也可用于局域网互联。网关可以工作在 OSI 参考模型的传输层、会话层、表示层和应用层,但是应用层必须是完全相同的。例如,网关不可能在电子邮件和仿真终端之间转换。

网关不能完全归为网络硬件,其实它是一种网络硬件和软件的结合产品。它通过使用适当的硬件与软件来实现不同网络协议之间的转换。硬件提供不同网络的接口,软件实现不同的互联网协议之间的转换。

网关可以通过以下两种方式来实现协议转换:

(1)直接将输入网络的数据包的格式转换成输出网络的数据包的格式。两个网络通过一个网关互联在一起,为了实现信息的传送,最简单的方法就是直接将输入网络的数据包的格式转换成输出网络的数据包格式。

一个双边网关要能进行两种协议的转换,即由网络 A→网络 B 和网络 B→网络 A。同理,对于互联 3 个网络的网关,则要求能进行 6 种协议的转换。这样的协议方式,对于一个连接有很多个局域网的大型网络显然是不适用的,就需要考虑用其他的协议转换方式。

(2)将输入网络的数据包的格式转换成一种统一的标准网间数据包格式。网关在输入端将输入网络的数据包格式转换成标准网间数据包的格式,在输出端再将标准网间数据包的格式转换成输出网络的数据包格式。

由于这种标准网络间数据包格式只在网关中使用,不在互联的各网络内部使用,因此不需要在互联网络修改其内部协议。这种采用标准网间数据包格式的网关要完成四种转换:网 A→网间、网 B→网间、网间→网 A、网间→网 B。当数据包从网 A 进入网关时,将被转换成标准网间数据包格式(即网间格式),在输出端网关再将它转换成网 B 的数据包格式,发送至网 B。

第三节　路由选择协议

当计算机发送一个分组时,在网络上网络协议栈的每一层都附加一些信息给它。在接收方的对等层协议可以读出这些信息。这些信息类似于通信会话的某些部分。网络层的协议附加路由选择信息,这可能是通过一个网络的完整的路径或是一些指示分组应该采用那条路径的优先值。发送方添加的网络层信息只能由路由器或接收方的网络层协议读取。中继器和桥接器不能识别网络层信息,只能传送和转发分组。

Internet 被分成多个域(domain)或多个自治系统。一个域是一组主机和使用相同路由选择协议的路由器集合,并由单一机构管理。换言之,一个域可能是由一所大学或其他机构管理的互联网。内部网关协议(IGP)在一个域中选择路由。外部网关协议(EGP)为两个相邻的位于各自域边界上的路由器提供一种交换消息和信息的方法。

一、域内协议

(一)内部网关协议的分类

内部网关协议可以划分为两类:距离矢量路由协议和链路状态路由协议。

(1)距离矢量路由协议。距离矢量是指以距离和方向构成的矢量来通告路由信息。距离按跳数等度量来定义,方向则是下一跳的路由器或送出接口。距离矢量协议通常使用贝尔曼-福特(Bellman-Ford)算法来确定最佳路径。尽管贝尔曼-福特算法最终可以累积足够的信息来维护可到达网络的数据库,但路由器无法通过该算法了解网际网络的确切拓扑结构。路由器仅了解从邻近路由器接收到的路由信息。

距离矢量路由协议适用于以下情形:

1)网络结构简单、扁平,不需要特殊的分层设计;

2)管理员没有足够的知识来配置链路状态协议和排查故障;

3)特定类型的网络拓扑结构,如集中星形(Hub-and-Spoke)网络;

4)无须关注网络最差情况下的收敛时间。

(2)链路状态路由协议。配置了链路状态路由协议的路由器可以获取所有其他路由器的信息来创建网络的"完整视图"(即拓扑结构),并在拓扑结构中选择到达所有目的网络的最佳路径(链路状态路由协议是触发更新,就是说有变化时就更新)。

链路状态路由协议适用于以下情形:

1)网络进行了分层设计,大型网络通常如此;

2)管理员对于网络中采用的链路状态路由协议非常熟悉;

3)网络对收敛速度的要求极高。

2. OSPF 和 RIP

开放最短路径优先(Open Shortest Path First,OSPF)是一个内部网关协议(Interior Gateway Protocol,IGP),用于在单一自治系统(autonomous system,AS)内决策路由。与RIP(Routing Information Protocol,路由信息协议)相对,OSPF 是链路状态路由协议,而RIP 是距离向量路由协议。链路是路由器接口的另一种说法,因此 OSPF 也称为接口状态路由协议。OSPF 通过路由器之间通告网络接口的状态来建立链路状态数据库,生成最短路径树,每个 OSPF 路由器使用这些最短路径构造路由。OSPF 最主要的特点是使用分布式的链路状态协议,而不是像 RIP 那样的距离向量协议。OSPF 的三个要点:第一,向本自治系统中所有路由器发送信息;第二,发送的信息就是与本路由器相邻的所有路由器的链路状态,但这只是路由器所知道的部分信息;第三,只有在链路状态发生变化时,路由器才向所有路由器用洪泛法发送此信息。

RIP 是内部网关协议中应用最广泛的一种协议,它是一种分布式的,基于距离向量的路由选择协议。RIP 适用于相对较小的自治系统,直径"跳数"一般小于 15。RIP 协议特点是:第一,仅和相邻路由交换信息。第二,路由器交换的信息是当前本路由器所知道的全部信息,即自己的路由表。也就是说,交换的信息是:"我到本自治系统中所有网络的(最短)距离,以及到那个网络应经过的下一跳路由器。"第三,按固定时间间隔交换路由信息,例如,每隔 30 s。然后路由器根据收到的路由信息更新路由表。

二、域间协议

开放系统互联(OSI)环境由包括端系统(用户计算机或主机)和路由器的管理域组成。一个管理域通常使用相同的协议和由同一个中心机构管理。所有在域内的路由选择叫作域内(Interdomain)路由选择,所有在域外连接其他域的路由选择叫作域间(Interdomain)路由选择。域间路由选择涉及连到"不大可信"的环境,管理员一般选择手工设置通路,而不愿依靠路由选择协议自动构造域间通路。

OSI 路由选择体系结构是分层次的,它的组成如下:

(1)端系统对中间系统(ES-IS)。ES-IS 和 IS-IS 是用于交换路由选择信息的协议,不要把它们与 OSI 的数据传送协议无连接网络服务(CLNS)和面向连接网络服务(CONS)混淆。CLNS 是工作在网络层的数据服务,可与互联网协议(IP)或 NetWare 的网间分组交换(IPX)协议类比。CONS 提供会话(面向连接)服务并工作在运输层,可与 Internet 网的传输控制协议(TCP)或 NetWare 的顺序分组交换(SPX)类比。用于交换路由选择信息的实际协议是 ES-IS 和 IS-IS。

(2)中间系统对中间系统(IS-IS)。中间系统对中间系统协议是一种将操作局限于某一管理域内的链路状态路由选择协议。在 OSI 路由选择层次结构中,这一级主要关心的是交换路由选择信息,并根据指明通过网络最佳路径的信息生成路由选择表。可能仅用一个路由器作为广播路由选择信息的路由器。

IS-IS 协议定义了一个区域。在一个区域内互联网络的路由器叫作 1 级路由器,互联一个区域和另一个区域的路由器叫作 2 级路由器。一个路由选择域(routing domain)是由工作在一个行政管理单位的 2 级路由器连接的区域集合。

第四章　计算机网络接入技术

第一节　接入网概述

一、接入网定义

接入网有时也称本地环路(local loop)、用户网(subscriber's network)、用户环路系统。接入网是指从端局到用户之间的所有机线设备。由于各国经济、地理、人口分布的不同,用户网的拓扑结构也各不相同。一个典型的用户环路结构可以用图 4 - 1 表示。其中主干电缆段一般长数千米(很少超过 10 km),分配电缆长数百米,而引入线通常仅数十米而已。

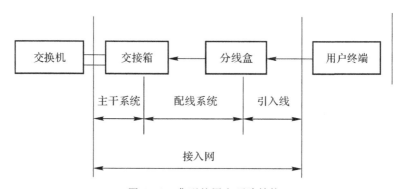

图 4 - 1　典型的用户环路结构

接入网包括市话端局或远端交换模块(RSU)与用户之间的部分,主要完成交叉连接、复用和传输功能。接入网一般不含交换功能。有时从维护的角度将端局至用户之间的部分统称为接入网,不再计较是否包含 RSU(注意:这不是技术定义)。

一个接入网可以连接到多个业务节点:接入网既可以接入支持特别业务的业务节点,也可以接入支持同种业务的多个业务节点,原则上对接入网可以实现的用户网络接口(UNI)和业务节点接口(SNI)的类型和数目没有限制。

二、接入网的接口

接入网的接口有 UNI、SNI 及网络管理接口(如 Q3 接口)。

UNI 在接入网的用户侧,支持各种业务的接入,如模拟电话接入、N - ISDN 业务接入、

B-ISDN 业务接入以及租用线业务的接入。对于不同的业务,采用不同的接入方式,对应不同的接口类型。

SNI 在接入网的业务侧,对不同的用户业务,提供对应的业务节点接口,使业务能与交换机相连。交换机的用户接口分模拟接口(Z 接口)和数字接口(V 接口),V 接口经历了 V1 接口到 V5 接口的发展。V5 接口又分为 V5.1 和 V5.2 接口。

Q3 接口是 TMN(电信管理网)与电信网各部分相连的标准接口。作为电信网的一部分,接入网的管理也必须符合 TMN 的策略。接入网通过 Q3 与 TMN 相连来实施 TMN 对接入网的管理与协调,从而提供用户所需的接入类型及承载能力。

核心业务网目前主要分语音网和数据网两大类。语音网通常指公共电话网(PSTN),是一种典型的电路型网络。接入网接入 PSTN 时多数采用 V5.2 接口,也有部分采用 V5.1、Z、U 等接口。

传统的数据通信网主要包括公用分组交换网(PSPDN)、数字数据网(DDN)和帧中继网(FR)三种,可以看到这三种数据网是通信网发展过程中的过渡性网络。DDN 是电路型网络,而 PSPDN 和 FR 是分组型网络。接入网在接入这些网络时,一般采用 E1、V.24、V.35、2B1QU 接口,其余类型的接口使用较少。现有的综合类的接入网大多都有上述接口,运营企业在选择接口时应主要考虑各业务网接口的资源利用率和业务的灵活接入。

用户的随机性包含两方面的含义:第一,用户的空间位置是随机的,也就是用户接入是随机的;第二,用户对业务需求的类型是随机的,也就是业务接入是随机的。核心网是提供业务的网络,用户是业务的使用者,接入网所起的作用是将核心网各类业务接口适配和综合,然后承载在不同的物理介质上传送分配给用户。

三、接入网的功能模型

接入网可分为 5 个基本的功能模块:用户接口功能模块、业务接口功能模块、核心功能模块、传送功能模块及管理功能模块。

(1)用户接口功能模块将特定 UNI 的要求适配到核心功能模块和管理功能模块。其功能包括终结 UNI 功能,A/D 转换和信令转换(但不解释信令)功能,UNI 的激活和去激活功能,UNI 承载通路/承载能力处理功能,UNI 的测试和用户接口的维护、管理、控制功能。

(2)业务接口功能模块将特定 SNI 定义的要求适配到公共承载体,以便在核心功能模块中加以处理,并选择相关的信息用于接入网中管理模块的处理。其功能包括:终结 SNI 功能,将承载通路的需要、应急的管理和操作需要映射进核心功能,特定 SNI 所需的协议映射功能,SNI 的测试和业务接口的维护、管理、控制功能。

(3)核心功能模块位于用户接口功能模块和业务接口功能模块之间,适配各个用户接口承载体或业务接口承载体要求进入公共传送载体。其功能包括:接入承载通路的处理功能,承载通路的集中功能,信令和分组信息的复用功能,ATM 传送承载通路的电路模拟功能,管理和控制功能。

(4)传送功能模块在接入网内的不同位置之间为公共承载体的传送提供通道和传输媒质适配。其功能包括复用功能,交叉连接功能(包括疏导和配置),物理媒质功能及管理功能等。

(5)接入网系统管理功能模块对接入网中的用户接口功能模块、业务接口功能模块、核心功能模块和传送功能模块进行指配、操作和管理,也负责协调用户终端(经 UNI)和业务节点(经 SNI)的操作功能。其功能包括配置和控制功能,供给协调功能,故障检测和故障指示功能,使用信息和性能数据采集功能,安全控制功能,资源管理功能。接入网系统管理功能模块经 Q3 接口与 TMN 通信,以便实时接受监控,同时为了实时控制的需要,也经 SNI 与接入网系统管理功能模块进行通信。

四、接入网的结构

接入网一般分为 3 层:主干层、配线层和引入层。在实际应用或建网初期,可能只有其中的一层或两层,但引入层是必不可少的。

主干层以环形网为主。每个主干层的节点数一般不超过 12 个,建议大型城市主干层采用 144 芯以上光缆,中型城市和乡镇的主干层光缆可适减。配线层有树形网、星形网、环形网和总线网,其中重要用户可采用环形或单星形网。为便于向宽带业务升级,建议有条件的地方尽量采用无源光纤网(无源双星结构)。配线层光缆一般为 12～24 芯,智能大楼和乡镇网可用 6～8 芯。引入层可以与综合布线建设相结合,可以用光缆、铜线、双绞线或五类电缆等。

由于大城市和沿海发达地区业务发展较快、种类繁多、用户密集,可采用以端局为中心的环形结构。视各端局具体情况,可设置多层环或多个主干环。主干环以大容量同步数字传输系统为主,重要用户备双重路由,各小区节点分别按区域划分,接入主干环。由于中小城市和农村用户密度较低,业务种类简单,宽带新业务需求较少,可暂时采用星形结构,视具体业务及环境选择有源双星或无源双星网,待用户和业务发展后再逐步建立环形网。

第二节 光纤接入技术

一、光纤接入技术概述

所谓光接入网(OAN),就是采用光纤传输技术的接入网,泛指本地交换机或远端模块与用户之间采用光纤通信或部分采用光纤通信的系统。通常,OAN 指采用基带数字传输技术,并以传输双向交互式业务为目的的接入传输系统,将来应能以数字或模拟技术升级传输带宽广播式和交互式业务。在北美,美国贝尔通信研究所规范了光纤环路系统(FITL)的概念,其实质和目的与 ITU - T 所规定的 OAN 基本一致,两者都是指电话公司采用的主要适用于双向交互式通信业务的光接入网结构。

从发展的角度来看,前述的各种接入技术都只是一种过渡性措施。在很多宽带业务需求尚不确定的时期,这些技术可以暂时满足一部分较有需求的新业务。但是,如果要真正解决宽带多媒体业务的接入,就必须将光纤引入到接入网中。

众所周知,光纤通信的优点是以极大的传输容量使众多电路通过复用共享较贵的设备,从而使得每话路的费用大大低于其他的通信方法。毫无疑问,线路越长,传输信号的带宽越宽,采用光纤通信技术也就越有利。在以前的通信网络中,光纤主要应用于长途和局间通信,而用户系统引入光纤从成本竞争上讲则很不利,但现在的情况出现了以下变化:

(1)大容量的数字程控交换设备的引用使得大的交换局交换成本降低,从而促使接入网向大的方向发展。

(2)电信业务从单一的话音业务向声音、数据和活动图像相结合的多媒体宽带业务转变,使得接入线路的传输带宽需求不断增加。

(3)光纤通信的高速发展和激烈的市场竞争使得光通信用光纤、系统和器件等设备的价格急剧降低,进一步提高了光纤通信在接入网中的竞争能力。

这些变化无疑有利于在接入网中引入光纤。在这方面,目前比较成熟的技术是传统的数字环路载波系统(DLC)。该系统以光纤取代通常距离较长的电缆,在业务量相对集中的地方敷设进行光电转换和配置用户接口的远端站(RT),再以铜线或无线将业务引入用户。

DLC 系统的最大问题是在接入网的交换机侧增加了多余的数/模和模/数转换设备。为此 ITU-T 最新提出了 V5 接口建议(G.964,G.965)。通过 V5 标准接口,接入网与本地交换机采用数字方式直接相连。这将能方便地提供新业务,改善通信质量和服务水平,大大减少接入网的建设费用,提升设备的集中维护、管理和控制功能,加速接入网网络升级的进程。

总之,光纤数字环路载波系统只能支持窄带业务,不能满足视频等宽带业务的要求。为此又提出了既能提供目前所需的窄带业务,又能适应今后宽带业务要求的光接入网的概念。

二、有源光网络接入技术

在各种宽带光纤接入网技术中,采用了 SDH/MSTP 技术的接入网系统是应用最普遍的。这种系统可称为有源光接入,主要是为了与基于无源光网络(PON)的接入系统相对比。PDH 光接入技术、SDH/MSTP 光接入技术、ATM 光接入技术、以太网光接入技术等都可以应用于有源光网络。

有数字表明,目前 55% 到用户的光纤采用的是 SDH/MSTP 技术。SDH 技术自 20 世纪 90 年代引入,已经是一种成熟、标准的技术,在骨干网中被广泛采用,而且价格越来越低。在接入网中应用 SDH/MSTP 技术,可以将 SDH/MSTP 技术在核心网中的巨大带宽优势和技术优势带入接入网领域,充分利用 SDH/MSTP 同步复用、标准化的光接口、强大的网管能力、灵活的网络拓扑能力和高可靠性,在接入网的建设发展中长期受益。

但是,干线使用的机架式大容量 SDH/MSTP 设备不是为接入网设计的,如直接搬到接入网中使用比较昂贵,接入网中需要的 SDH/MSTP 设备应是小型、低成本、易于安装和维护的,因此应采取一些简化措施,降低系统成本,提高传输效率,更便于组网。另外,接入网中的 SDH/MSTP 已经靠近用户,对低速率接口的需求远远大于对高速率接口的需求,因此,接入网中的新型 SDH 设备应提供 STM-0 子速率接口。目前,一些厂家已经研制出了专用于接入网的 SDH/MSTP 设备,这些新设备有着很好的发展前景。

SDH/MSTP 技术在接入网中的应用虽然已经很普遍,但仍只是 FTTC(光纤到路边)、FTTB(光纤到楼)的程度,光纤的巨大带宽仍然没有到户。因此,要真正向用户提供宽带业务能力,单单采用 SDH/MSTP 技术解决馈线、配线段的宽带化是不够的,在引入线部分仍需结合采用宽带接入技术。可采用 FTTB/C＋xDSL、FTTB/C＋Cable Modem、FTTB/C＋局域网接入等方式,分别为居民用户和公司、企业用户提供业务。

接入网用 SDH/MSTP 的最新发展方向是对 IP 业务的支持。这种新型 SDH/MSTP 设备配备了 LAN 接口,将 SDH/MSTP 技术与低成本的 LAN 技术相结合,提供灵活带宽。解决了 SDH/MSTP 支路接口及其净负荷能力与局域网接口不匹配的问题,主要面向商业用户和公司用户,提供透明 LAN 互联业务和 ISP 接入,很适合目前数据业务高速发展的需求。目前已有一些厂家开发出了这种设备。

(一)接入网对 SDH/MSTP 设备的要求

在接入网中应用 SDH/MSTP 是一个发展趋势。最近几年,虽然 SDH/MSTP 传输体制在全世界范围内广泛地发展,但 SDH/MSTP 还是被集中地用于主干网,在接入网中应用得较少,其原因是在本地环路上使用 SDH/MSTP 显得过于昂贵。但目前,点播电视、多媒体业务和其他带宽业务如雨后春笋纷纷出现,这为 SDH/MSTP 在接入网中的应用提供了广阔的空间,SDH/MSTP 应用在接入网中的时机已经成熟。用户的需求正是 SDH/MSTP 进入接入网的可靠保证和市场推动力。

目前,国内很多地区本地网和接入网都已经光纤化,在接入网中应用 SDH/MSTP 已具有了基础。虽然国际电信联盟(ITU－T)目前还未对光接入网的传输体制进行限制,光接入网只连通交换机和用户,不像干线网那样形成网间的互通,但是由于运营管理的需要,接入网的传输体制仍然需要标准化,需要以一种最合适的传输体制统一接入网的传输,因此 SDH/MSTP 必将以其能够满足高速宽带业务的优点成为今后光接入网的主要传输体制。

虽然 SDH/MSTP 系统应用在接入网中是一个必然的发展趋势,但是直接就将目前的 SDH 系统应用在接入网中会造成系统复杂,而且还会造成极大的浪费,因此人们需要解决以下几方面的问题。

1. 系统方面

在干线网中,一个 PDH 信号作为支路装入 SDH/MSTP 线路时,一般需要经历几次映射和一次(或多次)指针调整才可以,而在接入网应用中,一般只需经过一次映射而不必再进行指针调整。接入网相对于干线网简单,可以简化目前的 SDH/MSTP 设备,降低成本。

2. 速率方面

SDH/MSTP 的标准速率为 155 520 kbit/s、622 080 kbit/s、2 488 320 kbit/s、9 953 280 kbit/s,在接入网中应用时,由于数据量比较小,过高的速率很容易造成浪费,因此需要规范低于 STM－1 的一些比较低的速率便于在接入网中应用。

3. 指标方面

由于接入网信号传送范围小,所以各种传输指标要求低于核心网。

4. 设备方面

目前,按照 ITU－T 建议和国标所生产的 SDH/MSTP 设备,一般包括电源盘、公务盘、时钟盘、群路盘、交叉盘、连接盘、2M 支路盘和 2M 接口盘等,而在接入网中应用时并不需要这么多功能,因而可以进行简化。

5. 网管方面

由于干线网相当复杂,此 SDH/MSTP 子网网管系统因此也相当复杂,而接入网相对而言比较简单,目前不需要太全面的网管能力,因而可以有很大的简化空间。

6. 保护方面

在干线网中,SDH/MSTP 系统有的采用通道保护方式,有的采用复用段共享保护方式,有的两者都采用。而接入网没有干线网那么复杂,因而采用最简单、最便宜的二纤单向通道保护方式就可以了,这样也节省开支。

只要解决好以上问题,便宜又实用的 SDH/MSTP 系统就可以在接入网中广泛应用,多媒体业务就可以走进千家万户。

(二)综合宽带接入解决方案——IBAS 系统

考虑到接入网对成本高度敏感且运行环境恶劣,适用于接入网的 SDH/MSTP 设备必须是高度紧凑、低功耗和低成本的新型系统。基于这一思路的新一代综合宽带接入系统 IBAS(烽火通信公司开发)已经进网服务。IBAS 系统通过 V5 接口或 DLC 完成窄带接入,通过插入不同的接口卡直接向用户提供 10 M/100 M 以太网接口或 270 M DVB 数字图像接口,不需 ATM 适配层就能直接把宽带业务映射到 SDH 帧中,并能半动态/动态地按需分配带宽(N×E1 或 N×T1),以适应不同业务接口需要,从而有效地提高带宽利用率,真正实现宽窄带接入兼容,这是理想的综合宽带接入解决方案。IBAS 真正做到了宽带接入和窄带接入相兼容,整个设备结构紧凑、便于拼装,采用统一的小型化机盘,两种规格的单元机框,可根据用户需要组装成壁挂式、台式、柜式或 19 英寸(1 in=2.54 cm)机架式,结构形式灵活多样。IBAS 具有标准的 SDH 支路接口:T1 和 T3 接口用于 SONET,E1(2 Mbit/s)支路接口与 V5 接入设备配合可实现窄带业务接入。符合 SDH 体制标准,能与任一厂家的 STM-4 或 STM-16 互联,还能平滑升级到 STM-4。具有 155 Mbit/s 光/电分支支路功能,利用 155 Mbit/s 光分支盘可以形成光分路。IBAS 利用 155 Mbit/s 电分支盘可复用到上一级传输设备,提高系统组网的灵活性。

三、无源光网络接入技术

在光纤用户网的研究中,为了满足用户对于网络灵活性的要求,1987 年英国电信公司的研究人员最早提出了 PON 的概念。后来由于 ATM 技术发展及其作为标准传递模式的地位,研究人员开始考虑把 ATM 技术运用到 PON 的可能性,并于 20 世纪 90 年代初提出了 APON 的建议。

(一)PON 基本概念和特点

在光接入网(OAN)中若光配线网(ODN)全部由无源器件组成,不包括任何有源节点,则这种光接入网就是 PON。OLT 为光线路终端,它为 ODN 提供网络接口并连至一个或多个 ODN。ODN 为光配线网,它为 OLT 和 ONU 提供传输手段。ONU 为光网络单元,它为

OAN 提供用户侧接口并和 ODN 相连。若 ODN 全部由光分路器（optical splitter）等无源器件组成，不包含任何有源节点，则这种光接入网就是 PON，其中的光分路器也称为光分支器（Optical Branching Device，OBD）。

由于受历史条件、地貌条件和经济发展等各种因素影响，实际接入网中的用户分布非常复杂。为了降低建造费用和提高网络的运行效率，实际的 OAN 拓扑结构往往比较复杂。根据 OAN 参考配置可知，OAN 由 OLT、ODN 和 ONU 三大部分组成。OAN 的拓扑结构取决于 ODN 的结构。通常 ODN 可归纳为单星形、多星形（树形）、总线和环形等 4 种基本结构。相应地，PON 也具有这 4 种基本拓扑结构。

1. 单星形结构

SS 相当于光分路器设在 OLT 里的 PDS，如图 4-2 所示。因此，它没有 PDS 中的馈线光缆。OLT 输出的信号光通过紧连着它的光分路器均匀分到各个 ONU，故它适合于 OLT 邻近周围均匀分散的用户环境。

PON 的基本结构：中心局（CO）、光线路终端（OLT）、光分支器（OBD）。

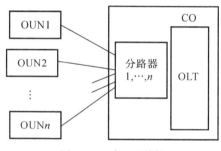

图 4-2　单星形结构

2. 多星形（树形）结构

多星形结构也叫树形结构，它的 ODN 像是由很多 PDS 的分支器串联而成。连接 OLT 的第一个 OBD 将光分成 n_1 路，每路通向下一级的 OBD，如最后一级的 OBD 分 n_i 路，连向 n_i 个 ONU，则这种结构可连接的 ONU 总数为 $n_1+n_2+\cdots+n_i$。因此，它是以增加光功率预算的要求来扩大 PON 的应用范围的。

这种结构中所用的串联 OBD 有均匀分光和按额定的比例分光两种。均匀分光 OBD 构成的网络一般称为多星形，非均匀分光 OBD 构成的网络则常称为树形。总之，这两种结构比较接近。对于通常的接入网用户分布环境，这种两种结构的应用范围最广。

3. 总线结构

总线（bus）结构通常采用非均匀分光的 1×2 或 2×2 型光分路器沿线状排列。OBD 从光总线中分出 OLT 传输的光信号，并将每个 ONU 传出的光信号插入光总线。非均匀的光分路器只引入少量的损耗给总线，并且只从光总线中分出少量的光功率。分路比由最大的 ONU 数量、ONU 最小的输入光功率之类的具体要求确定。这种结构非常适用于沿街道、公路线状分布的用户环境。

4. 环形结构

环形结构相当于总线结构组成的闭合环,因此其信号传输方式和所用器件和总线结构差不多。但由于每个 OBD 可从两个不同的方向通到 OLT,故其可靠性大大优于总线结构。

通常,环形结构不被认为是一种独立的基本拓扑结构,它可看成是两个总线结构的结合。而单星形结构和多星形结构也被认为是树形结构的特例。故上述四种拓扑结构也可概括为树形和总线型两种最基本的结构。

选择 PON 的拓扑结构应考虑的主要因素有用户的分布拓扑、OLT 和 ONU 的距离、提供各种业务的光通道、可获得的技术、光功率预算、波长分配、升级要求、可靠性、有效性、运行和维护、安全和光缆的容量等。

(二)PON 技术的种类

在以点到多点拓扑结构为基础的无源光网络取代以点到点的有源光网络的过程中,多种 PON 技术相继涌现。随着 APON/BPON(宽带无源光网络)的出现,到 EPON(以太网无源光网络)、GPON(吉比特无源光网络),再到下一代 PON 技术的研究,统一遵循了带宽从窄到宽的发展趋势。PON 技术除了常用时分复用外还有其他的复用形式。

1. 副载波复用 PON

副载波复用技术是一种已相当成熟的电频分复用技术。这种副载波信号可方便地将激光器进行幅度调制,可传输模拟信号,也可传输数字信号,而且扩容方便。以副载波复用技术为基础的无源光网络(SCM-PON)可方便地接入窄带信号和宽带信号,是向宽带接入网升级的方案之一。

SCM-PON 中,从 OLT 到 ONU 的下行方向上传输的是以 155 Mbit/s 为基础的广播基带信号。每个 ONU 接入一个 STM-1 基带信号,并可在 TDM 基础上进一步接入宽带副载波信号。在上行方向上采用副载波多址(SCMA)技术来处理多点对点的传输。在 OLT,来自各个 ONU 的载荷通过滤波器来选择。这样,当其中一个 ONU 需要扩容时,只需将宽带副载波加在该 ONU 上,而不影响其他 ONU 的业务。各个 ONU 只需与相应副载波的容量相一致,而不影响整个 PON 的功率分配与带宽。此外,SCMA 还排除了 TDMA 的测距问题带来的麻烦。

SCM-PON 的主要缺点是对激光器要求较高。为了避免信息带内产生的交叉调制,而对 ONU 中激光器的非线性有一定要求:一是要求 ONU 能自动调节工作点,以减轻给 OLT 副载波均衡带来的麻烦。二是相关强度噪声(RIN)。多个 ONU 激光器照射在一个 OLT 接收机上,这种较高的 RIN 积累限制了系统性能的改进。三是光拍频噪声。当两个或多个激光器的光谱叠加,照射 OLT 光接收机时,就可能产生光拍频噪声,从而导致瞬间误码率增加。

SCM-PON 仍在研究试验之中,窄带 SCM-PON 已进入现场试验。对于宽带 SCM-PON 升级技术和应用前景问题尚需进一步试验和验证。

2. 波分复用 PON

波分复用技术可有效利用光纤带宽。以密集波分复用为基础的无源光纤网(WDM-

PON)是全业务宽带接入网的发展方向。ITU-T 对此已有新的参考标准 G.983.3。

WDM-PON 采用多波长窄谱线光源提供下行通信,不同的波长可专用于不同的 ONU。这样,不仅具有良好的保密性、安全性和有效性,而且可将宽带业务逐渐引入,逐步升级。当所需容量超过了 PON 所能提供的速率时,WDM-PON 不需要使用复杂的电子设备来增加传输比特率,仅需引入一个新波长就可满足新的容量要求。利用 WDM-PON 升级时,可以不影响原来的业务。

在远端节点,WDM-PON 采用波导路由器代替了光分路器,减少了插入损耗,增加了功率预算余量。这样就可以增加分路比,服务更多的用户。

目前存在的主要问题是组件成本太高。比如路由器,现已基本成熟,正在考虑降价之中。但最贵的部分是多波长发送机。这种发送机可由精心挑选的 DFB-LD 组成,这些激光器分别带有独立的调温装置,使其发送波长与路由器匹配,达到所要求的间隔。这种发送机性能很好,但电路复杂,价格也贵。集成光发送机正在研究之中,由 16 个激光器和集成的合波器组成的 DFB-LD 阵列发送机已有样品上市。高性能低成本的发送机是 WDM-PON 的关键。

构成 WDM-PON 的上行回传通道有 4 种方案可供选择。第一种是在 ONU 也用单频激光器,由位于远端节点的路由器将不同 ONU 送来的不同波长的信号回传到 OLT。第二种是利用下行光的一部分在 ONU 调制,从第二根光纤上环回上行信号,ONU 没有光源。第三种是在 ONU 用 LED 一类的宽谱线光源,由路由器切取其中的一部分。由于 LED 功率很低,需要与光放大器配合使用。第四种是与常规 PON 一样,采用多址接入技术,如 TDMA、SCMA 等。

3. 超级 PON

电信网的发展趋势是减少交换节点数量,扩大接入网的覆盖范围。这就要求接入网传输的距离要远,服务的用户要多。用多级串联的无源分路器与光放大器相结合是解决方案之一。这就是超级无源光纤网(SPON)。

普通的 PON 的分路比一般为 16~32,传输距离 20 km 左右,传输速率为 155~622 Mbit/s。超级 PON 的传输距离可达 100 km,包括 90 km 的馈线和 10 km 的分支线,总分路比为 2 048,下行速率为 2.5 Gbit/s,上行速率为 311 Mbit/s。该系统采用动态带宽分配技术,可为 15 000 个用户提供传统的窄带和交互宽带业务。在馈线段采用两根光纤单向传输,以避免双向串音干扰,而在分支段仍可用单根光纤双向传输。

超级 PON 覆盖面大,用户多,可靠性非常重要。在所有有光放大器的光中继单元(ORU)都设置一个 ONU,用以完成对 ORU 的运行、维护以及突发模式控制。另外是采用 2×N 分路器,在馈线段形成环形网,或直接将局端放在两个中心局交换机上。

超级 PON 可以用 WDM 附加信道来升级,也可以提升 TDMA 的速率。方法之一是在分路器的光中继单元的下行方向引入固定波长选路功能,在上行方向加入固定波长转换机制。这样,在馈线段就能以不同波长支持若干个 TDM/TDMA 信道,而在分支段只有一个 TDM/TDMA 信道。这就可以逐步增加 PON 的总带宽,实现平稳升级。

如前所述,现今使用的宽带 PON 典型分路系数在 32 以下,距离最大可达 20 km,传输速度达到 622 Mbit/s。然而,考虑到中心网络的长远发展,接入网的规模将大大增加,100 km 的距离已在期望之中。另外,由于交换节点的费用主要由用户线决定,接入的用户数应最小化,因此需要接入网在一个 LT 上复用更大数目的用户(大约 2 000 户)。

建立如此宽范围、高分路系数的接入网的一种可能的途径,是以一串无源光分路器的级联代替本地交换机。由于此网络的功率预算大幅度增长,需要引入光放大器来弥补附加损耗。这样的有源器件被称作光再生单元(ORU)。使用光放大器代替电子器件的一个重要优点,是它对格式和比特率是透明的,而且可以通过波分复用(WDM)对它们实现宽带升级。

由欧洲投资的 ACTS(高级通信技术和业务)工程 AC050"PLANET"(光子本地接入系统)正在开发一种被称为 Super PON 的接入网,其目的是达到 2 000 的分路系数和 1 000 km 的距离。此项目的目标是论证高分路系数、宽范围 PON 的技术和经济可行性。为此,将进行总体研究,定义和规范该新型接入网的各个方面,如突发模式的光放大、恢复、发展方案、升级策略、费用等。通过此演示系统展示了宽范围、高分路系数接入网的双向光传输。最后将在布鲁塞尔进行小规模的现场试验,于 Super PON 上演示各种交互式多媒体业务。此次现场实验系统的目标是 100 km 馈线、10 km 引入线和 2 048 的分路系数;支持下行 2.4 Gbit/s 和上行 311 Mbit/s。计算表明,此带宽足以为 1 500 个用户服务(将传统的窄带业务和宽带业务等均考虑在内,实行动态带宽分配)。另外,允许每个 ONU 连接若干个用户的 FTTC/FTTB 配置在这种结构中。

为了对上行和下行通道进行复用,在引入线部分优先选择单纤 WDM 传输,双纤双向传输用在网络的馈线部分。因此避免了 WDM 的合波/分波损耗和双向串话干扰,而且网络的这一部分光纤相当短。

第三节　铜线接入技术

一、铜线接入技术概述

(一)模拟调制解调器接入技术

模拟调制解调器是利用电话网模拟交换线路实现远距离数据传输的传统技术。从传输速率为 300 bit/s 的 Bell103 调制解调器到 33.6 kbit/s 的 V.34 调制解调器,经过了数年的发展历程。近年来随着 Internet 的迅猛发展,拨号上网用户要求提高上网速率的呼声日涨,56 kbit/s 的调制解调器应运而生。56 kbit/s Modem 又称 PCM Modem,与传统 Modem 在应用上的最大不同,是在拨号用户与 ISP(网络业务提供商)之间只经过一次 A/D(模/数)和 D/A(数/模)转换,即仅在用户与电话程控交换机间使用一对 Modem,交换机与 ISP 间为数字连接。

PCM Modem 有两个关键技术:一是多电平映射调制技术,二是频谱成型技术。多电平映射调制是采用一组 PAM 调制,从 A 律(或 P 律)PCM 编码 256 个电平中选择部分电平作调制星座映射,调制符号率为 8 kHz。使用频谱成型技术,目的是抑制发送信号中的直流分量,减少混合线圈中的非线性失真。早期的 56 kbit/s Modem 主要有两大工业标准:一个是

X2 标准,另一个是 K56flex 标准,两者互不兼容。国际电联电信标准局第 16 研究组 (SG16)1998 年 9 月正式通过了 V.90 建议"用于公用电话网 PSTN 上的,上行速率为 33.6 kbit/s,下行速率为 56 kbit/s 的数字/模拟调制解调器"。已投入使用的 X2 或 K56flex Modem 均可以通过软件升级的方法实现与 V.90 Modem 的兼容。

传统的 V 系列话带 Modem 的速率从 V.21(300 bit/s)发展到 V.90(上行 33.6 kbit/s,下行 56 kbit/s),已经接近话带信道容量的香农极限。目前大部分 PC(个人计算机)都是靠这样的拨号调制解调器接入 Internet。但这样的速率远远不能满足用户的需要。要提高铜线的传输速率,就要扩展信道的带宽。话带 Modem 占用话音频带,使用时不能在同一条铜线上打电话,而且用户不能一直和 Internet 保持连接。因此迫切需要一种新的技术来解决这些问题。

(二)N-ISDN 接入技术

N-ISDN 也是一种典型的窄带接入的铜线技术,它比较成熟,提供 64 kbit/s、128 kbit/s、384 kbit/s、l.536 kbit/s、l.920 kbit/s 等速率的用户网络接口。N-ISDN 近年的发展与 Internet 的发展有很大的关系,目前主要是利用 2B+D 来实现电话和 Internet 接入。N-ISDN 的典型下载速率在 64 kbit/s 以上,基本能够满足目前 Internet 浏览的需要,是提高上网速度的一种经济而有效的选择。目前 N-ISDN 主要优点是其易用性和经济性,既可满足边上网边打电话,又可满足一户二线,同时还具有永远在线的技术特点。从目前的经济、ICP/ISP 所提供的服务等情况来看,使用 N-ISDN 来实现 Internet 接入的市场还是相当大的,是近期需大力推广的技术,也是近期内能够解决普通用户接入的最主要的方式。

ISDN 用户/网络接口有两个重要因素,即通道类型和接口结构。通道表示接口信息传送能力。通道根据速率、信息性质以及容量可以分成几种类型,称为通道类型。通道类型的组合称为接口结构,它规定了在该结构上最大的数字信息传送能力。根据 CCITT 的建议,在用户网络接口处向用户提供的通路有以下类型:

B 通路:64 kbit/s,供用户传递信息用。

D 通路:16 kbit/s 和 64 kbit/s,供用户传输信令和分组数据用。

H0 通路:384 kbit/s,供用户传递信息用(如立体声节目、图像和数据等)。

H11 通路:1 536 kbit/s,供用户传递信息用(如高速数据传输、会议电视等)。

H12 通路:1 920 kbit/s,供用户传递信息用(如高速数据传输、图像会议电视等)。

(三)线对增容技术

线对增容是利用普通电话线对在交换局与用户终端之间传送多路电话的复用传输技术。早期的线对增容传输系统使用频分复用模拟载波的方式,因其传输性能较差,已经基本被淘汰。现在的线对增容传输系统借助 ISDN 的 U 接口,使用时分复用的数字传输技术,并配合使用高效话音编码技术,提高了用户线路的传输能力。目前使用最多的线对增容传输系统是在一对用户线上传送四路 32 kbit/s 的 ADPCM 话音信号,即 0+4 线对增容系统。

线对增容传输系统的网络结构如图 4-3 所示。线对增容传输系统直接使用 ISDN U 接口的电路。ITU-T I.412 建议规范了 U 接口的传送能力。

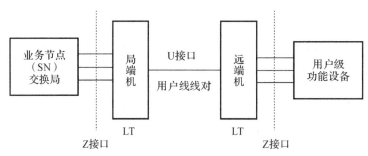

图 4 - 3 线对增容传输用户接入系统网络结构

二、DSL 采用的复用与调制技术

DSL(Digital Subscriber Line,数字用户线)中使用的关键技术是复用技术和调制技术。普通铜缆电话线的传输数据信号的调制技术有 2B1Q 调制、CAP 调制和 DMT 调制。其中 ISDN 使用 2B1Q 调制技术,HDSL 使用 2B1Q 和 CAP 调制技术,目前常用的是 2B1Q 技术,ADSL 一般使用 DMT 调制,最近也有厂家采用 CAP 调制。

为了建立多个信道,ADSL 可通过两种方式对电话线进行频带划分:一种方式是频分复用(FDM),另一种是回波消除(EC)。这两种方式都将电话线 0～4 kHz 的频带用作电话信号传送。对剩余频带的处理,两种方法则各有不同。FDM 方式将电话线剩余频带划分为两个互不相交的区域:一端用于上行信道,另一端用于下行信道。下行信道由一个或多个高速信道加入一个或多个低速信道以时分多址复用方式组成,上行信道由相应的低速信道以时分方式组成。EC 方式将电话线剩余频带划分为两个相互重叠的区域,它们也相应地对应于上行和下行信道。两个信道的组成与 FDM 方式相似,但信号有重叠,而重叠的信号靠本地回波消除器将其分开。频率越低,滤波器越难设计,因此上行信道的开始频率一般都选在 25 kHz,带宽约为 135 kHz。在 FDM 方式中,下行信道一般起始于 240 kHz,带宽则由线路特性、调制方式和传输数据率决定。EC 方式由于上、下行信道是重叠的,使下行信道可利用频带增宽,但这也增加了系统的复杂性,一般使用 DMT 调制技术的系统才运用 EC 方式。

目前,国际上广泛采用的 ADSL 调制技术有 3 种:正交幅度调制 QAM、无载波幅度/相位调制 CAP 和离散多音 DMT。其中 DMT 调制技术被 ANSI 标准化小组 TIE1.4 制定的国际标准所采用。但由于此项标准推出时间不长,目前仍有相当数量的 ADSL 产品采用 QAM 或 CAP 调制技术。另外,CAP 调制技术由于处理简单,发展较快,其势头也不容忽视。

(一)QAM 调制技术

QAM 是基于正交载波的抑制载波振幅调制,每个载波间相差 90°。QAM 调制器的工作原理是,发送数据在比特/符号编码器内被分成两路(速率各为原来的 1/2),分别与一对正交调制分量相乘,求和后输出。与其他调制技术相比,QAM 编码具有能充分利用带宽、抗噪声能力强等优点。

QAM 用于 ADSL 的主要问题是如何适应不同电话线路之间性能较大的差异。要获得较为理想的工作特性,QAM 接收器需要一个和发送端具有相同的频谱和相位特性的输入信号用于解码。QAM 接收器利用自适应均衡器来补偿传输过程中信号产生的失真,因此采用 QAM 的 ADSL 系统的复杂性主要来自它的自适应均衡器。

QAM 是一种非专用的并被广泛使用的调制格式。现在市场上已将 QAM 技术以高效的 ASIC(专用集成电路)实现。QAM 的普遍性和强壮性已成为大部分设备制造商合理的选择。

QAM 是一种对无线、有线或光纤传输链路上的数字信息进行编码的方式,这种方法结合了振幅和相位两种调制技术。QAM 是多相位移相键控的一种扩展,多相位移相键控也是一种相位调制方法,这二者之间最基本的区别是在 QAM 中不出现固定包络,而在相移键控技术中则出现固定的包络。由于其频谱利用率高的性能而采用了 QAM 技术。QAM 可具有任意数量的离散数字等级。常见的级别有 QAM - 4、QAM - 16、QAM - 64、QAM - 256。

(二)CAP 调制技术

CAP 调制技术是以 QAM 调制技术为基础发展而来的,可以说它是 QAM 技术的一个变种。输入数据被送入编码器,在编码器内,m 位输入比特被映射为 $k = 2m$ 个不同的复数符号 $A_n = a_n + jb_n$ 由 k 个不同的复数符号构成 k - CAP 线路编码。编码后 a_n 和 b 被分别送入同相和正交数字整形滤波器,求和后送入 D/A 转换器,最后经低通滤波器信号发送出去。

CAP 技术用于 ADSL 的主要技术难点是要克服近端串音对信号的干扰。一般可通过使用近端串音抵消器或近端串音均衡器来解决这一问题。CAP 是基于正交幅度调制(QAM)的调制方式。上、下行信号调制在不同的载波上,速率对称型和非对称型的 xDSL 均可采用。

V.34 等模拟 Modem 也采用 QAM,它和 CAP 的差别在于其所利用的频带。V.34 Modem 只用到 4 kHz,而 ADSL 方式中的 CAP 要利用 30 kHz~1 MHz 的频带。频率越高,其波形周期越小,故可提高调制信号的速率(即数据传输速率)。CAP 中的"Carrier less(无载波)"是指生成载波(Carrier)的部分(电路和 DSP 的固件模块)不独立,它与调制/解调部分合为一体,使结构更加精练。

(三)DMT 调制技术

DMT,即离散多音频调制,是一种多载波调制技术,其核心的思想是将整个传输频带分成若干子信道,每个子信道对应不同频率的载波,在不同的载波上分别进行 QAM 调制,不同信道上传输的信息容量(即每个载调制的数据信号)根据当前子信道的传输性能决定。早在 1963 年美国麻省理工学院就已经从理论上证明多载波调制技术可以获得最佳的传输性能,但直到低成本、高性能的数字处理技术成熟后,这一技术才得以使用。

三、HDSL 接入技术

目前,与 DSL 标准有关的国际组织很多,其中比较重要的是标准协会(American

National Standards Institute，ANSI）、欧洲技术标准协会（European Technical Standards Institute，ETSI）和国际电信联盟（International Telecommunication Union，ITU）。在 ANSI 中 T1E1 委员会负责网络接口、功率及保护方面的工作，T1E1.4 工作组具体负责 DSL 接入的标准工作。在 ETSI 中，负责 DSL 接入标准的是 TM6 工作组。以上两个标准组织只是局部地区的标准组织，而 ITU 则是一个全球性的标准组织。目前，ITU 中与 DSL 有关的主要标准如下：

G.991.1：第一代 HDSL 标准；

G.991.2：第二代 HDSL 标准（HDSL2 或 SDSL）；

G.992.1：全速率 ADSL 标准（G.DMT）；

G.992.2：无分离器的 ADSL 标准（G.LITE）；

G.993：保留为 VDSL 的未来标准（尚未完全确定）；

G.994.1：DSL 的握手流程（G.HS）；

G.995.1：DSL 概览；

G.996.1：DSL 的测试流程（G.TEST）；

G.997.1：DSL 的物理层维护工具（G.OAM）。

（一）基本原理

HDSL（也称为"高速数字用户环路"）传输技术是一种基于现有铜线的技术，它采用了先进的数字信号自适应均衡技术和回波抵消技术，以消除传输线路中近端串音、脉冲噪声、波形噪声以及因线路阻抗不匹配而产生的回波对信号的干扰，从而能够在现有的普通电话双绞铜线（两对或三对）上全双工传输 E1 速率数字信号，无中继传输距离有 3～5 km。接入网中采用 HDSL 技术应基于以下因素考虑：

（1）充分利用现有的占接入网网络资源 94% 的铜线，比较经济地实现用户的接入；

（2）在目前大中城市地下管道不足、机线矛盾突出并在短期内难以解决的地区，可在较短时间内实现用户线增容；

（3）传输速率和传输距离有限，只能提供 2 Mbit/s 以下速率的业务。

（二）系统组成及参考配置

图 4-4 规定了一个与业务和应用无关的 HDSL 接入系统的参考配置示例。该参考配置是以两线对为例的，但同样适合于三线对或其他多线对的 HDSL 系统。

HDSL 线路终端单元（LTU）为 HDSL 系统的局端设备，提供系统网络侧与业务节点（SN）的接口，并将来自业务节点的信息流透明地传送给位于远端用户侧的 NTU 设备。LTU 一般直接设置在本地交换机接口出处。网络终端单元（NTU）的作用是为 HDSL 传输系统提供直接或远端的用户侧接口，将来自交换机的用户信息经接口传送给用户设备。在实际应用中，NTU 可能提供分接复用、集中或交叉连接的功能。

信息在 LTU 和 NTU 之间的传送过程如下：

（1）应用接口（I）：在应用接口，数据流集成在应用帧结构（G.704，32 时隙帧结构）中。

（2）映射功能块（M）：映射功能块将具有应用帧结构的数据流插入 144 字节的 HDSL 帧结构中。

（3）公共电路（C）：在发送端，核心帧被交给公共电路，加上定位、维护和开销比特，以便在 HDSL 帧中透明传送核心帧。

（4）再生器是可选功能块。在接收端，公共电路将 HDSL 帧数据分解为帧，并交给映射功能块，映射功能块将数据恢复成应用帧，通过应用接口传送。

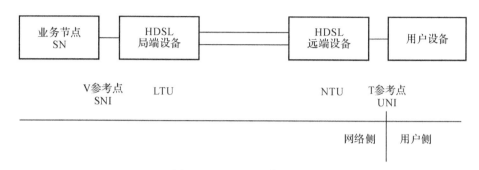

图 4-4　HDSL 的参考配置

（三）HDSL 系统分类

HDSL 技术的应用具有相当的灵活性，在基本核心技术的基础上，可根据用户需要改变系统组成。目前与具体应用无关的 HDSL 系统也有很多类型。

按传输线对的数量分，常见的 HDSL 系统可分为两线对和三线对系统两种。在两线对系统中，每线对的传输速度为 1 168 kbit/s，利用三线对传输，每对收发器工作于 784 kbit/s。三线对系统由于每线对的传输速率比两线对的低，因而其传输距离相对较远，一般情况下传输距离增加 10%。但是，由于三线对系统增加了一对收发信机，其成本也相对较高，并且该系统利用三线对传输，占用了更多的网络线路资源。综合比较，建议在一般情况下采用两线对 HDSL 传输。另外，HDSL 还有四线对和一线对系统，其应用不普遍。按线路编码分，HDSL 系统可分为两种：

（1）2B1Q 码：2B1Q 码是无冗余度的 4 电平脉冲幅度调制（PAM）码，属于基带型传输码，在一个码元符号内传送 2 bit 信息。

（2）CAP 码：CAP 码是一种有冗余的无载波幅度相位调制码，目前的 CAP 码系统可分为二维八状态码和四维十六状态码两种。在 HDSL 系统中广泛应用的是二维八状态格栅编码调制（TCM），数据被分为 5 bit 一组与 1 bit 的冗余位一起进行编码。

从理论上讲，CAP 信号的功率谱是带通型，与 2B1Q 码相比，CAP 码的带宽减少了一半，传输效率提高一倍，由群时延失真引起的码间干扰较小，受低频能量丰富的脉冲噪声及高频的近端串音等的干扰程度也小得多，因而其传输性能比 2B1Q 码好。在实验室条件下的测试表明，在 26 号线（0.4 mm 线径）上，2B1Q 码系统最远传输距离为 3.5 km，CAP 码系统最远传输距离为 4.4 km。

CAP 码系统有着比 2B1Q 码系统更好的性能，但 CAP 码系统现无北美标准，且价格上相对较贵。因此 2B1Q 系统和 CAP 系统各有各的优势，在将来的接入网中，应根据实际情况灵活地采用。

(四)接口

在接入网中,HDSL 局端设备 LTU 可经过 V5 接口与交换机相接。当交换机不具备 V5 接口时,可以使用 Z 接口、ISDN U 接口、租用线节点接口或其他应用接口。相应地,在远端,HDSL 远端设备可经由 T 参考点与用户功能级设备或直接与用户终端设备相连,其接口可为 X.21、V.35、Z 等应用接口。HDSL 的网管接口暂不作规定,现有的 HDSL 设备的网管信息一般经过由 RS-232 接口报告给网管中心。

(五)HDSL 的业务支持能力

HDSL 是一种双向传输的系统,其最本质的特征是提供 2 Mbit/s 数据的透明传输,因此它支持净负荷速率为 2 Mbit/s 以下的业务。在接入网中,它能支持的业务有 ISDN 基群率接入(PRA)数字段、普通电话业务(POTS)、租用线业务、数据 n×64 kbit/s;2 Mbit/s(成帧和不成帧)。

目前,HDSL 还不具备提供 2 Mbit/s 以上宽带业务的能力,因此 HDSL 系统的传输能力是十分有限的。

(六)HDSL 系统的特点

HDSL 最大的优点是充分利用现有的铜线资源实现扩容,以及在一定范围内解决部分用户对宽带信号的需求。HDSL 性能好,可提供接近于光纤用户线的性能。采用 2B1Q 码,可保证误码率低于 $1×10^{-7}$,加上特殊外围电路,其误码率可达 $1×10^{-9}$。采用 CAP 码的 HDSL 系统性能更好。另外,当 HDSL 的部分传输线路出现故障时,系统仍然可以利用剩余的线路实现较低速率的传输,从而减小了网络的损失。

HDSL 初期投资少,安装维护方便,使用灵活。HDSL 传输系统的传输介质就是现存的市话铜线,不需要加装中继器及其他相应的设备,也不必拆除线对原有的桥接配线,无须进行电缆改造和大规模的工程设计工作。同时 HDSL 系统也无须另配性能监控系统,其内置的故障性能监控和诊断能力可进行远端测试和故障隔离,从而提高了网络维护能力。系统升级方便,可较平滑地向光纤网过渡。HDSL 系统的升级策略实际上就是设备更新,用光网取代 HDSL 设备,而被取代的 HDSL 设备可直接转到异地使用。HDSL 系统的缺点是目前还不能传送 2 Mbit/s 以上的信息,传输距离一般不超过 5 km。因此其接入能力是有限的,只能作为建设接入网的过渡性措施。

四、VDSL 接入技术

鉴于现有 ADSL 技术在提供图像业务方面的带宽十分有限以及经济上的成本偏高的缺点,近来人们又进一步开发了一种被称为甚高比特率数字用户线(VDSL)的系统,有人称之为宽带数字用户线(BDSL)系统,其系统结构图与 ADSL 类似。

ITU-T SG15 Q4 一直致力于 VDSL 的标准化工作,并通过了第一个基础性的 VDSL

建议 G.993.1。为规范和推动 VDSL 技术在我国的应用和推广,传送网和接入网标准组于 2002 年初开始研究制定我国 VDSL 的行业标准。此标准的起草由中国电信集团公司牵头,国内 6 个设备制造商和研究机构参与,于 2002 年年底发布。此标准在参考相关国际标准的基础上,从 VDSL 技术的应用出发,对 VDSL 的频段划分方式、功率谱密度(PSD)、线路编码、传输性能、设备二层功能、网管需求等重要内容进行了规定。由于电话铜缆上的频谱是一种重要资源,频段划分方式决定了 VDSL 的传送能力(速率和距离的关系),进而决定 VDSL 的业务能力,因此频段划分方式的确定成为 VDSL 标准制定过程中最为重要的内容。

(一)VDSL 系统构成

VDSL 计划用于光纤用户环路(FTTL)和光纤到路边(FTTC)的网络的"最后一公里"的连接。FTTL 和 FTTC 网络需要有远离中心局(Central Office,CO)的小型接入节点。这些节点需要有高速宽带光纤传输。通常一个节点就在靠近住宅区的路边,为 10～50 户提供服务。这样,从节点到用户的环路长度就比 CO 到用户的环路短。

远端 VDSL 设备位于靠近住宅区的路边,它对光纤传来的宽带图像信号进行选择复制,并和铜线传来的数据信号和电话信号合成,通过铜线送给位于用户家里的 VDSL 设备。位于用户家里的 VDSL 设备,将铜线送来的电话信号、数据信号和图像信号分离送给不同终端;同时将上行电话信号与数据信号合成,通过铜线送给远端 VDSL 设备。远端 VDSL 设备将合成的上行信号送给交换局。在这种结构中,VDSL 系统与 FTTC 结合实现了到达用户的宽带接入。值得注意的是,从某种形式上看,VDSL 是对称的。目前,VDSL 线路信号采用频分复用方式传输,同时通过回波抵消达到对称传输或达到非常高的传输速率。

目前,光纤系统的应用已相当广泛,VDSL 就是为这些系统而研究的。也就是说,采用 VDSL 系统的前提条件是:以光纤为主的数字环路系统必须占有主要地位,本地交换到用户双绞铜线减到很少。当前 15% 的本地环路是光纤数字本地环路系统,随着光纤价格的下降及城市的发展这一数字将逐步扩大。现有的电信业务服务地区限制了本地数字环路的运行和铜线尺寸的变化。

VDSL 不仅仅是为了 Internet 的接入,它还将为 ATM 或 B-ISDN 业务的普及而发展。例如,类似于 ADSL 与 ATM 的服务关系,VDSL 也会通过 ATM 提供宽带业务。宽带业务包括多媒体业务和视频业务。压缩技术在 VDSL 中将起关键作用,将 ATM 技术和压缩技术相结合,将会永远消除线路带宽对业务的限制。

(二)VDSL 的关键技术

1. 传输模式

VDSL 的设计目标是进一步利用现有的光纤满足居民对宽带业务的需求。ATM 将作为多种宽带业务的统一传输方式。除了 ATM 外,实现 VDSL 还有其他的几种方式。VDSL 标准中以铜线/光纤为线路方式定义了 3 种主要的传输模式。

(1)同步转移模式。同步转移模式(Synchronous Transport Module,STM)是最简单的一种传输方式,也称为时分复用(TDM).不同设备和业务的比特流在传输过程中被分配固定的带宽。STM 与 ADSL 中支持的比特流方式相同。

(2)分组模式。在这种模式中,不同业务和设备间的比特流被分成不同长度、不同地址的分组包进行传输;所有的分组包在相同的"信道"上,以最大的带宽传输。

(3)ATM 模式。ATM 在 VDSL 网络中可以有 3 种形式。第一种是 ATM 端到端模式,它与分组包类似,每个 ATM 信元都带有自身的地址,并通过非固定的线路传输,不同的是 ATM 信元长度比分组包小,且有固定的长度。第二种和第三种分别是 ATM 与 STM 和 ATM 与分组模式的混合使用,这两种形式从逻辑上讲是 VDSL 在 ATM 设备间形成了一个端到端的传输模式。光纤网络单元用于实现各功能的转换。利用现在广泛使用的 IP 网络,VDSL 也支持 ATM 与光纤网络单元和分组模式的混合传输方式。

2. 传输速率与距离

由于将光纤直接与用户相连的造价太高,因此光纤到户(FTTH)和光纤到大楼(FTTB)受到很多的争议,由此产生了各种变形,如光纤到路边(FTTC)及光纤到节点(FTTN)(是指用一个光纤连接 10～100 个用户)。有了这些变形,就不必使光纤直接到用户了。许多模拟本地环路可由双绞线组成,这些双绞线从本地交换延伸到用户家中。

从传输和资源的角度来考虑,VDSL 单元能够在各种速率上运行,并能够自动识别线路上新连接的设备或设备速率的变化。无源网络接口设备能够提供"热插入"的功能,即一个新用户单元介入线路时,并不影响其他调制解调器的工作。

VDSL 所用的技术在很大程度上与 ADSL 相类似。不同的是,ADSL 必须面对更大的动态范围要求,而 VDSL 相对简单得多;VDSL 开销和功耗都比 ADSL 小;用户方 VDSL 单元需要完成物理层媒质访问控制及上行数据复用功能。从 HDSL 到 ADSL,再到 VDSL,xDSL 技术中的关键部分是线路编码。

在 VDSL 系统中经常使用的线路码技术主要有以下几种:①无载波幅度/相位调制技术;②离散多音技术;③离散小波多音技术(Discrete Wavelet MultiTone,DWMT);④简单线路码(Simple Line Code,SLC),这是一种 4 电平基带信号,经基带滤波后送给接收端。以上 4 种方法都曾经是 VDSL 线路编码的主要研究对象。但现在,只有 DMT 和 CAP/QAM 作为可行的方法仍在讨论中,DWMT 和 SLC 已经被排除。

早期的 VDSL 系统,使用频分复用技术来分离上、下信道及模拟话音和 ISDN 信道。在后来的 VDSL 系统中,使用回波抵消技术来满足对称数据速率的传输要求。在频率上,最重要的就是要保持最低数据信道和模拟话音之间的距离,以便模拟话音分离器简单而有效。在实际系统中,都是将下行信道置于上行信道之上,如 ADSL。

VDSL 下行信道能够传输压缩的视频信号。压缩的视频信号要求有低时延和时延稳定的实时信号,这样的信号不适合用一般数据通信中的差错重发算法。为在压缩视频信号允许的差错率内,VDSL 采用带有交织的前向纠错编码,以纠正某一时刻由于脉冲噪声产生的所有错误,其结构与 TI.413 定义的 ADSL 中所使用的结构类似。值得注意的问题是,前向差错控制(FEC)的开销(约占8%)是占用负载信道容量还是利用带外信道传送。前者降低了负载信道容量,但能够保持同步;后者则保持了负载信道的容量,却有可能产生前向差错控制开销与FEC码不同步的问题。

如果用户端的VDSL单元包含了有源网络终端,则将多个用户设备的上行数据单元或数据信道复用成一个单一的上行流。有一种类型的用户端网络是星形结构,将各个用户设备连至交换机或共用的集线器,这种集线器可以继承到用户端的VDSL单元中。

VDSL下行数据有许多分配方法。最简单的方法是将数据直接广播给下行方向上的每一个用户设备(CPE),或者发送到集线器,由集线器把数据进行分路,并根据信元上的地址或直接利用信号流本身的时分复用将不同的信息分开。上行数据流复用则复杂得多,在无源网络终端的结构中,每个用户设备都与一个VDSL单元相连接。此时,每个用户设备的上行信道将要共享一条公共电缆。因此,必须采用类似于无线系统中的时分多址或频分多址将数据插入到本地环路中。TDMA使用令牌环方式来控制是否允许光纤网络单元中的VDSL传输部分向下行方向发送单元或以竞争方式发送数据单元,或者两者都有。FDMA可以给每一个用户分配固定的信道,这样可以不必使许多用户共享一个上行信道。FDMA方法的优点是消除了媒质访问控制所用的开销,但是限制了提供给每个用户设备的数据速率,或者必须使用动态复用机制,以便使某个用户在需要时可以占用更多的频带。对使用有源网络接口设备的VDSL系统,可以把上行信息收集到集线器,由集线器使用以太网协议或ATM协议进行上行复用。

(三)VDSL的应用

与ADSL相同,VDSL能在基带上进行频率分离,以便为传统电话业务(POTS)留下空间。同时传送VDSL和POTS的双绞线需要每个终端使用分离器来分开两种信号。超高速率的VDSL需要在几种高速光纤网络中心点设置一排集中的VDSL调制解调器,该中心点可以是一些远距离光纤节点的中心局(CO)。因此,与VTU-R调制解调器相对应的调制解调器称为VTU-O,它代表光纤馈线。

从中心点出发,VDSL的范围和延伸距离分为下面几种情况:

(1)对于25 Mbit/s对称或52 Mbit/s/6.4 Mbit/s非对称的VDSL,所覆盖服务区半径约为300 m;

(2)对于13 Mbit/s对称或26 Mbit/s/3.4 Mbit/s非对称的VDSL,所覆盖服务区半径约为800 m;

(3)对于6.5 Mbit/s对称或13.5 Mbit/s/1.6 Mbit/s非对称的VDSL,所覆盖服务区半径约为1.2 km。

VDSL实际应用的区域(或者说覆盖区域),比中心局(CO)所提供服务的区域(3 km)小得多。VDSL所覆盖的服务区域被限制在整个服务区域较小的比例上,这严重地限制了VDSL的应用。

VDSL应用既可以来自于中心局,也可以来自光纤网络单元(ONU)。这些节点通常应用并服务于街道、工业园以及其他具有较高电信业务量模式的区域,并利用光纤进行连接。

连接用户到 ONU 的媒质可以是同轴电缆、无线连接，更有可能的是双绞线。高容量连接与服务节点的结合及连接到服务节点的双绞线的通用性，使得利用光纤网络单元的网络非常适合采用 VDSL 技术。

一个 ONU 可用的光纤总带宽通常不大于所有 ONU 用户可能的带宽总和。例如，如果一个 ONU 服务 20 个用户，每个用户有一条 50 Mbit/s 的 VDSL 链路，那么 ONU 总的可用带宽为 1 Gbit/s，这比通常 ONU 所提供的带宽要大得多。可用于 ONU 的光纤带宽与所有用户可能的带宽累计值之间的比值，称为订购超额（Over Subscription）比例。订购超额比例应精心设计，以便所有用户都能得到合理的性能。

VDSL 支持的速率使它适合很多类型的应用。现有的许多应用均可使用 VDSL 作为其传送机制，一些将要开发的应用也可使用 VDSL。

(四)VDSL2 协议

ADSL2 和 ADSL2＋采用相同的帧结构和编码算法，不同的是 ADSL2＋比 ADSL2 的下行频带扩展一倍，因而下行速率提高一倍，约 24 Mbit/s。可以简单地说，ADSL2＋是包含 ADSL2 的。VDSL 支持最高 26 Mbit/s 的对称或者 52 Mbit/s/32 Mbit/s 的非对称业务。ITU－T 在决定了 DMT 和 QAM 同时作为 VDSL 调制方式的可选项之后，还同时宣布启动第二代 VDSL 标准 VDSL2 的制定工作。

VDSL2 的 ITU 正式编号为 G.993.2，基于 ITU G.993.1 VDSL1 和 G.992.3 ADSL2 发展而来。为了能在 350 m 的距离内实现高传输速率，VDSL2 的工作频率由 12 MHz 提高至 30 MHz。为了满足中、长距离环路的接入要求，VDSL2 的发射功率被提高至 20 dBm，回声消除技术也进行了具体规定，使长距离应用能够实现类似 ADSL 的性能。为了最有效地利用比特率和带宽，VDSL2 技术还采用了诸如无缝速率适配（SRA）和动态速率再分配（DRR）等灵活成帧和在线重配方法。

VDSL2 标准只考虑 DMT 调制，并强调即将产生的 VDSL2 标准的一个主要内容是做到 VDSL2 与 ADSL2＋兼容。此外，所有主流芯片厂商也纷纷表态要开发 VDSL2/ADSL2＋兼容的芯片方案。目前，ITU－T 已不再争论 VDSL 标准采用何种调制方式，而是进入技术细节的讨论，包括 PMS－TC 结构、PSD 模板、承载子带定义、成帧方案、低功耗模式、初始化等诸多技术。同时也考虑到与现有 ADSL2/2＋的衔接，以便未来相当一段时间内 ADSL2/2＋与 VDSL2 的共存、融合与发展。VDSL2 的初步需求包括：VDSL2 将更高的接入比特率、更强的 QoS 控制和类似 ADSL 的长程环路传输性能结合起来，使其非常适应迅速变化的电信环境，并可以使运营商和服务提供商"三网合一"业务，尤其是通过 DSL 进入视频传播，获得更大的收益。

ADSL2、ADSL2＋、VDSL、VDSL2 这几项技术中哪种会成为 ADSL 未来发展方向一直以来都是业界争论不止的话题。但除了技术本身的演进之外，另一个影响其市场地位的关键是带宽需求。除了日本、韩国外，目前其他国家 ADSL 的带宽还没有消耗完，ADSL2＋的带宽可以满足近几年的需求。可以预见，近几年 ADSL2/2＋将在市场上占据主导地位；VDSL 将作为一个过渡产品满足部分地区的特殊需求。

第四节　光纤同轴电缆混合接入技术

一、HFC 的发展

混合光纤同轴电缆(HFC)是从传统的有线电视网发展而来的。有线电视网最初是以向广大用户提供廉价、高质量的视频广播业务为目的发展起来的,它出现于 1970 年左右,自 20 世纪 80 年代中后期以来有了较快的发展。在许多国家,有线电视网覆盖率已与公用电话网不相上下,甚至超过了公用电话网。有线电视已成为社会重要的基础设施之一。

从技术角度来看,近年来 CATV 的新发展也有利于它向宽带用户网过渡。CATV 已从最初单一的同轴电缆演变为光纤与同轴电缆混合使用,单模光纤和高频同轴电缆(带宽为 750 MHz 或 1 GHz)已逐渐成为主要传输媒介。传统的 CATV 网正在演变为一种光纤/同轴电缆混合网,这为发展宽带交互式业务打下了良好的基础。这种树形结构对于一点对多点的广播式业务来说是一种经济有效的选择;但对于开发双向的、交互式业务则存在着两个严重的缺陷:第一,树形结构的系统可靠性较差,干线上每一点或每个放大器的故障对于其后的所有用户都将产生影响,系统难以达到像公用电话网的高可靠性。第二,限制了对上行信道的利用。原因很简单,成千上万个用户必须分享同一干线上的有限带宽,同时在干线上还将产生严重的噪声积累,在这种情况下,即使是电话业务的开展也是困难的。

当有线电视网重建其分布网以升级现有的服务时,大部分转向了一种新的网络体系结构,通常称之为"光纤到用户群"。在这种体系结构中,单根光纤用于把有线电视网的前端连到 200～1 500 户家庭的居民小区,这些光纤由前端的模拟激光发射机驱动,并连到光纤接收器上(一般为"节点")。这些光纤接收器的输出驱动一个标准的用户同轴网。

"光纤到用户群"(光纤到用户区)的体系结构与传统的由电缆组成的网络相比较,主要好处在于它消除了一系列的宽带 RF 放大器,需要用来补偿同轴干线的前端到用户群的信号衰减,这些放大器逐步衰减系统的性能,并且要求很多维护。一个典型"光纤到用户群"的衰减边界效应是要额外的波段来支持新的视频服务,而现在已经可以提供这些服务。在典型"光纤到用户群"的体系结构中,支持标准的有线电视网广播节目选择,每个从前端出去的光纤载有相同的信号或频道。通过使用无源光纤分离器,以驱动多路接收节点,它位于前端激光发射器的输出处。

由于有线电视的普及,同轴电缆基本已经入户。HFC 出现的初期主要致力传统话音业务的传送。但是,随着在许多地方试验的相继失败(主要问题是供电、成本等),目前有线电视运营者已经放弃在 HFC 上传送传统话音业务,转向 Cable Modem,只在 HFC 上进行数据传输,提供 Internet 接入,争夺宽带接入业务。

因此基于有线电视网的 HFC 接入网技术在我国具有典型的现实意义和广阔的发展前景,并逐渐引起业内人士越来越多的关注。

二、HFC 的结构

HFC 的概念最初是由 Bellcore 提出的。它的基本特征是在目前有线电视网的基础上,以模拟传输方式综合接入多种业务信息,可用于解决 CATV、电话、数据等业务的综合接入问题。HFC 主干系统使用光纤,采取频分复用方式传输多种信息;配线部分使用树状拓扑结构的同轴电缆系统,传输和分配用户信息。

(一)馈线网

HFC 的馈线网指前端至服务区(SA)的光纤节点之间的部分,大致对应 CATV 网的干线段。其区别在于从前端至每一服务区的光纤节点都有一专用的直接的无源光连接,即用一根单模光纤代替了传统的粗大的干线电缆和一连串几十个有源干线放大器。从结构上则相当用星形结构代替了传统的树形——分支结构。由于服务区又称光纤服务区,因此这种结构又称光纤到服务区(FSA)。

目前,一个典型服务区的用户数为 500 户(若用集中器可扩大至数千户),将来可进一步降至 125 户甚至更少。由于取消了传统 CATV 网干线段的一系列放大器,仅保留了有限几个放大器,放大器失效所影响的用户数减少至 500 户;而且无须电源供给(而这两者失效约占传统网络失效原因的 26%),因而 HFC 网可以使每一用户的年平均不可用时间缩短至 170 min,使网络可用性提高到 99.97%,可以与电话网(99.99%)相比。此外,由于采用了高质量的光纤传输,图像质量获得了改进,维护运行成本得以降低。

(二)配线网

在传统 CATV 网中,配线网指干线/桥接放大器与分支点之间的部分,典型距离为 1~3 km。而在 HFC 网中,配线网指服务区光纤节点与分支点之间的部分。在 HFC 网中,配线网部分采用与传统 CATV 网相同的树形——分支同轴电缆网,但其覆盖范围已大大扩展,有 5~10 km,因而仍需保留几个干线/桥接放大器。这一部分的设计十分重要,它往往决定了整个 HFC 网的业务量和业务类型。

在设计配线网时采用服务区的概念是一个重要的革新。在一般光纤网络中,服务区越小,各个用户可用的双向通信带宽就越大,通信质量也就越好。然而,随着光纤逐渐靠近用户,成本会迅速上升。HFC 采用了光纤与同轴电缆混合结构,从而妥善地解决了这一矛盾,既保证了足够小的服务区(约 500 户),又避免了成本上升。

采用了服务区的概念后可以将一个网络分解为一个个物理上独立的基本相同的子网,每一子网服务于较少的用户,允许采用价格较低的上行通道设备。同时每个子网允许采用同一套频谱安排而互不影响,与蜂窝通信网和个人通信网十分类似,具有最大的频谱再用可能。此时,每个独立服务区可以接入全部上行通道带宽。假设每一个电话占据 50 kHz 带宽,则总共只需有 25 MHz 上行通道带宽即可同时处理 500 个电话呼叫,多余的上行通道带宽还可以用来提供个人通信业务和其他各种交互型业务。

由此可见,服务区概念是 HFC 网得以能提供除广播型 CATV 业务以外的双向通信业务和其他各种信息或娱乐业务的基础。当服务区的用户数少于 100 户时有可能省掉线路延伸放大器而成为无源线路网,这样不但可以减少故障率和维护工作量,而且简化了更新升级至高带宽的程序。

（三）用户引入线

用户引入线指分支点至用户之间的部分,因而与传统 CATV 相同,分支点的分支器是配线网与用户引入线的分界点。所谓分支器是信号分路器和方向耦合器结合的无源器件,负责将配线网送来的信号分配给每一用户。在配线网上平均每隔 40～50 m 就有一个分支器,单独住所区用 4 路分支器即可,高楼居民区常常将多个 16 路或 32 路分支器结合应用。引入线负责将射频信号从分支器经无源引入线送给用户,传输距离仅几十米而已。与配线网使用的同轴电缆不同,引入线电缆采用灵活的软电缆形式以便适应住宅用户的线缆敷设条件及作为电视、录像机、机顶盒之间的跳线连接电缆。

传统 CATV 网所用分支器只允许通过射频信号从而阻断了交流供电电流。HFC 网由于需要为用户话机提供振铃电流,因而分支器需要重新设计以便允许交流供电电流通过引入线(无论是同轴电缆还是附加双绞线)到达话机。

基于 HFC 网的基本结构具备了顺利引入新业务的能力,通过远端指配可以增加新通道如新电话线或其他业务而不影响现有业务,也无须派人去现场。现代住宅用户的业务范围除了电视节目外,有至少两条标准电话线,也应能提供数据传输业务及可视电话等。当然也会包括更多的新颖的服务如用户用电管理等。

由于 HFC 具有经济地提供双向通信业务的能力,因而不仅对住宅用户有吸引力,而且对企事业用户也有吸引力,例如 HFC 可以使得 Internet 接入速度和成本优于普通电话线,可以提供家庭办公、远程教学、电视会议和 VOD 等各种双向通信业务,甚至可以提供高达 40/10 Mbit/s 的双向数据业务和个人通信服务。

HFC 的最大特点是只用一条缆线入户而提供综合宽带业务。从长远来看,HFC 计划提供的是所谓全业务网(FSN),即以单个网络提供各种类型的模拟和数字通信业务,包括有线和无线、语音和数据,图像信息业务、多媒体和事务处理业务等。这种全业务网络将连接 CATV 网前端、传统电话交换机、其他图像和信息服务设施(如 VOD 服务器)、蜂窝移动交换机、个人通信交换机等。许多信息和娱乐型业务将通过网关来提供,今天的前端将发展成为用户接入开放的宽带信息高速公路的重要网关。用户将能从多种服务器接入各种业务,共享昂贵的服务器资源,诸如 VOD 中心和 ATM 交换资源等。简而言之,这种由 HFC 所提供的全业务网将是一种新型的宽带业务网,为我们提供了一条通向宽带通信的道路。

三、频谱分配方案

HFC 采用副载波频分复用方式,各种图像、数据和语音信号通过调制解调器同时在同轴电缆上传输,因此合理地安排频谱十分重要。频谱分配既要考虑历史和现在,又要考虑未来的发展。有关同轴电缆中各种信号的频谱安排尚无正式国际标准,但已有多种建议方案。

低频段的 5～30 MHz 共 25 MHz 频带安排为上行通道,即所谓回传通道,主要传电话信号。在传统广播型 CATV 网中尽管也保留有同样的频带用于回传信号,然而由于下述两个原因这部分频谱基本没有利用。第一,在 HFC 出来前,一个地区的所有用户(可达几万至十几万户)都只能经由这 25 MHz 频带才能与首端相连。显然这 25 MHz 带宽对这么大量的用户是远远不够的。第二,这一频段对无线和家用电器产生的干扰很敏感,而传统树形——分支结构的回传"漏斗效应"使各部分来的干扰叠加在一起,使总的回传通道的信噪比很低,通信质量很差。HFC 网妥善地解决了上述两个限制因素。首先,HFC 将整个网络划分为一个个服务区,每个服务区仅有几百用户,这样由几百用户共享这 25 MHz 频带就不紧张了。其次,由于用户数少了,由引入回传通道的干扰也大大减少了,可用频带几乎接近100%。另外,采用先进的调制技术也将进一步减小外部干扰的影响。最后,减小服务区的用户数可以进一步改进干扰,增加每一用户在回传通道中的带宽。

近来,随着滤波器质量的改进,且考虑到点播电视的信令以及电话数据等其他应用的需要,上行通道的频段倾向于扩展为 5～42 MHz,共 37 MHz 频带,有些国家甚至计划扩展至更高的频率。其中 5～8 MHz 可用来传达状态监视信息,8～12 MHz 传 VOD 信令,15～40 MHz 用来传电话信号,频率仍然为 25 MHz。50～1 000 MHz 频段均用于下行信道。其中50～550 MHz 频段用来传输现有的模拟 CATV 信号,每一通路的带宽为 6～8 MHz,因而总共可传输各种不同制式的电视信号 60～80 路。

550～750 MHz 频段允许用来传输附加的模拟 CATV 信号或数字 CATV 信号,但目前倾向于传输双向交互型通信业务,特别是点播电视业务。假设采用 64QAM 调制方式和4 Mbit/s 速率的 MPEG－2 图像信号,则频谱效率可达 5 bit/(s.Hz),从而允许在一个 6～8 MHz 的模拟通路内传输 30～40 Mbit/s 速率的数字信号。若扣除必需的前向纠错等辅助比特后,则大致相当于 6～8 路 4 Mbit/s 速率的 MPEG－2 图像信号。于是这 200 MHz 带宽可以至少传输约 200 路 VOD 信号。当然也可以利用这部分频带来传输电话、数据和多媒体信号,可选取若干 6～8 MHz 通路传电话。若采用 QPSK 调制方式,每 3.5 MHz 带宽可传 90 路 64 kbit/s 速率的语音信号和 128 kbit/s 信令及控制信息。适当选取 6 个 3.5 MHz 子频带单位置入 6～8 MHz 通路即可提供 540 路下行电话通路。通常该 200 MHz 频段用来传输混合型业务信号。将来随着数字编解码技术的成熟和芯片成本的大幅度下降,550～750 MHz 频带可以向下扩展至 450 MHz 乃至最终全部取代 50～550 MHz 模拟频段。届时这 500 MHz 频段可能传输 300～600 路数字广播电视信号。

高端的 750～1 000 MHz 段已明确仅用于各种双向通信业务,其中 2×50 MHz 频带可用于个人通信业务,其他未分配的频段可以有各种应用以及应对未来可能出现的其他新业务。实际 HFC 系统所用标称频带为 750 MHz、860 MHz 和 1 000 MHz,目前用得最多的是750 MHz 系统。

四、调制与多点接入方式

在前面关于同轴电缆频谱分配的讨论中已经指出,CATV－HFC 网所提供的可用于交互式通信的频带中,上行信道的带宽相对较小,因此有必要对其容量及有关适用技术进行详细的讨论。

在 CATV－HFC 网中,系统提供的上行信道带宽为 35 MHz,其通信能力可根据香农公式:

$$R = W\log_2(1 + S/N)$$

求得其极限信息传输速率。设信噪比 S/N 为 28 dB,带宽 W 为 35 MHz,则其极限信息速率可达 325 Mbit/s。在实际中可得到的传输速率要低于这个值,且与所采用的调制方式和多点接入方式有关。35 MHz 的带宽将信道的极限码元速率限制为 35 MBaud,因此信息速率将决定于不同调制方式的频谱效率。若采用 16QAM 调制时,上行信息速率为 140 Mbit/s;而采用 64QAM 调制方式,则可达 210 Mbit/s。另外,上行信道的信息传输速率还要受到树形分配网噪声积累特性的限制。更高的用户上行信息速率只有通过增加光节点引出的分配网的个数来获得,如采用 10×50 的用户分配网,则当采用 16QAM 调制时,每个用户可以获得 2.8 Mbit/s 的上行信息速率,已经可以满足一部分宽带业务的要求。

由于 CATV – HFC 网仍然采用树形的同轴分配网,因此还需考虑上行信道的多点接入问题。目前比较成熟的多点接入方式主要有频分多址(FDMA)、时分多址(TDMA)和码分多址(CDMA)3 种,在理论上三者所能提供的通信容量是一样的。其中 FDMA 实现简单,有利于降低成本和提高系统可靠性,且各用户之间的相互影响小;CDMA 需要精确的同步,一个用户的故障有可能干扰其他用户,甚至导致全网无法工作,因此目前倾向于采用 FDMA 实现多用户接入。需要指出的是,随着分配结构向纯星形的转化,每个用户将可以独占全部信道带宽。

五、HFC 的特点

由 CATV 网逐渐演变成的 HFC 网在开展交互式双向电信业务上有着以下明显的优势:

(1)它具有双绞线所不可比拟的带宽优势,可向每个用户提供高达 2 Mbit/s 以上的交互式宽带业务。在一个较长的时期内完全能够满足用户的业务需求。

(2)它是向 FTTH 过渡的较好方式。可利用现有网络资源,在满足用户需求的同时逐步投资进行升级改造,避免了一次性的巨额投资。

(3)供电问题易于解决。CATV – HFC 网中采用同轴分配网,允许由光节点对服务区内的用户终端实行集中供电,而不必由用户自行提供后备电源,有利于提高系统可靠性。

(4)它采用射频混合技术,保留了原来 CATV 网提供的模拟射频信号传输,用户端无须昂贵的机顶盒就可以继续使用原来的模拟电视接收机。机顶盒不仅解决电视信号的 D/A 转换,更重要的是解决宽带综合业务的分离,以及相应的计费功能等。

(5)它与基于传统双绞线的数字用户环路技术相比,随着用户渗透率的提高在价格上也将具有优势。

当然这种 CATV – HFC 网也存在缺陷。如在网络拓扑结构上还需进一步改进,必须考虑在光节点之间增设光缆线路作为迂回路由以进一步提高网络的可靠性。抑制反向噪声一直是困惑 Cable Modem 厂商的难题。现有的方法分为网络侧和用户侧两部分。首先在网络侧,在地区内的每个接头附近都装上全阻滤波器。滤波器禁止所有用户反向传送信息。当用户要求双向服务时,则移去全阻滤波器,并为用户安装一个低通滤波器以限制反向通道,这样就可以阻塞高频分量。在用户端,抑制技术主要体现在 Cable Modem 的上行链路所采用的调制技术。为了抑制反向链路噪声,各厂家通常在 QPSK、S – CDMA 调和跳频技术中选择其一作为反向链路的调制方式。但 QPSK 调制将限制上行传输速率,而 S-CDMA 调和跳频技术的设备复杂,所需费用太高。

由于 HFC 网络共享资源,当用户增多及每个用户使用量增加时必须避免出现拥塞,此时必须有相应的技术扩容。目前主要的技术为:每个前向信道配多个反向信道;使用额外的前向信道,类似移动通信采取微区和微微区的方法将光纤进一步向小区延伸形成更小的服务区。另外,CATV-HFC 网只是提供了较好的用户接入网基础,它仍需依靠公用网的支持才能发挥作用。

第五节　无线接入技术

无线接入系统具有建网费用低、扩容可按需而定、运行成本低等优点,在发达地区可以作为有线网的补充,能迅速、及时替代有故障的有线系统或提供短期临时业务;在发展中或边远地区可广泛用来替换有线用户环路,节省时间和投资。目前,无线接入技术已成为通信界备受关注的热点,并且由于无线接入因特网的兴起,无线局域网技术也日渐成为固定无线接入的新宠。

一、基本概念

无线接入技术是指接入网的某一部分或全部使用无线传输媒质,向用户提供固定和移动接入服务的技术。无线接入系统主要由用户无线终端(SRT)、无线基站(RBS)、无线接入交换控制器以及与固定网的接口网络等部分组成。其基站覆盖范围分为三类:大区制 5~50 km,小区制 0.5~5 km,微区制 50~500 m。无线接入技术作为电信网当前发展最快的领域之一,主要是解决固定和移动电话通信的接入问题,同时也可以解决移动终端访问 Internet 等窄带数据移动通信业务接入问题。无线接入的优点是可以提供一定程度的终端移动性,开设速度快,投资省,缺点是传输质量不如光缆等有线传输方式,适用于移动宽带业务的无线接入技术尚不成熟。目前的无线接入技术,按制式可以分为三类:FDMA(频分多址)制式、TDMA(时分多址)制式、CDMA(码分多址)制式。实际中运用的无线接入技术主要有以下几类:

(1)模拟无线接入。它采用调频体制,使用 450 MHz,800/900 MHz 频段,覆盖范围大,技术成熟,但抗干扰能力差,频率利用率低,容量小,保密性差。

(2)微蜂窝无线接入技术。它使用 1.8/1.9 GHz 频段,覆盖范围小,容量大,适合于高密度用户区使用。采用动态信道选择方式,频率规划容易,语音质量好。这类技术有 CT2、DECT、PHS、PACS 等数字无绳技术。

(3)CDMA 无线接入技术。它使用 800/900 MHz 或 1.8/1.9 GHz 频段,容量大,频率利用率高,采用可变速率声码器,语音质量高,覆盖范围广,系统规划简单,保密性强。

(4)一点多址微波技术。它使用 1.5 GHz 或 1.9~2.4 GHz 频段,多应用于地势平坦无遮挡的地方,可连接几十个用户终端站,无中继时传输距离为 30 km,有中继时达几百千米。可提供电话、电报、数据通信业务,系统容量在 96~512 个用户,每个用户成本在万元以上,适用于农村、岛屿、山区等用户分散、人口稀少的边远地区。

(5)卫星无线接入技术。它适合用户密度很低，地面蜂窝和有线网覆盖不到的地方，由卫星提供基本语音服务和数字业务，但其价格昂贵，在接入网中应用不多。

未来的无线接入技术将进一步向数字化、综合化、个人化发展。它应具备开放式的网络结构，如 V5.2 接口；先进的数字信号处理技术和动态功率控制技术；能提供多种电信业务；高的频谱利用率和抗干扰能力；能纳入本地的网管系统，实现智能化管理和控制。

广义上讲，无线接入包括固定接入和移动接入，而固定接入由于不需要移动通信的漫游、切换等功能而简单得多。移动通信系统主要有蜂窝移动通信系统和卫星移动通信系统。

(一)固定宽带无线接入在电信网中的位置

电信网是利用各种通信手段和一定的方式将所有的终端设备、传输设备和交换设备等硬件设备有机地连接起来的通信实体，它是完成各项通信任务的物质基础。此外，还需要有一整套的规定和标准及整个电信网的管理规程，才能使由设备组成的静态网络变成一个运转良好的动态体系。

宏观上可将电信网划分为接入网和核心网两大类。将公用电信网中的长途网和局间中继合在一起称为核心网(CoreNetwork)或转接网(Transmit Network)，也就是将市话端局以上的部分称为核心网；而相对于核心网而言，将其市话端局以下的网络部分称为用户接入网，它主要完成用户接入到核心网的任务。

无线接入网是指由业务节点(交换机)接口和相关用户网络接口之间的系列传送实体组成，为传送电信业务提供所需传送承载能力的无线实施系统。通常无线接入可分为地面移动无线接入、地面固定无线接入、卫星无线接入等等。

宽带固定无线接入网是接入网技术的一种，在整个电信网中处于接入网的地位，它代表了宽带接入技术的一种新的不可忽视的发展趋势，不仅开通快、维护简单、用户密度较高时成本低，而且改变了本地电信业务的传统观念，最适于新的本地网竞争者与传统电信公司及有线电视公司展开有效竞争，也可以作为电信公司有线接入的重要补充而得到应有的发展。

(二)固定宽带无线接入系统的分类及特点

1. 固定宽带无线接入系统的分类

根据现有的技术，目前世界上主要有以下几种 WLL(Wireless Local Loop，无线本地环路)方案：

(1)点对点和点对多点(P - MP)系统方案。这种方案是在 WLL 市场上最早出现的。其工作频段范围大，从 900 MHz 到 42 GHz，以视距工作，用户和中心站之间没有障碍物。这些系统具有高带宽、高速数据传输、高话音质量等特点，能有效降低成本，一般作为高密度用户(如办公大楼)与公共网络之间的链路。

但是，这种系统在用户端通过"集群接入"到 PBX，而不是"环路接入"到单个用户，这样，大部分的 P - MP 系统通常不能考虑成真正的 WLL 方案。

(2)基于固定蜂窝系统的方案。各种蜂窝移动通信技术都可用于无线用户环路，无须考虑移动性、越区切换和漫游等。此类无线本地环路是蜂窝移动通信技术的一种简化应用。其特点是覆盖范围大，一般为几千米到几十千米，适用于尚无蜂窝移动通信的地区。

使用 CDMA 扩频通信技术的无线接入系统频谱和功率利用率极高，在 CDMA 扩频移动通信系统基础上，简化系统的部分功能，如小区切换、移动台漫游等，即可实现一个 CDMA 无线接入系统。例如：Motorola 公司的 CDMA 无线本地环路系统 WLL 是基于 IS-95 窄带 CDMA 标准，扩频带宽为 1.25 MHz；朗讯科技公司的宽带 CDMA 无线本地环路系统 Airkoop 基于 IS-665 宽带 CDMA 标准，扩频带宽为 5 MHz。

（3）基于 PCS（个人通信业务）或 PHS（个人手持电话系统）标准的 WLL 系统。这种系统也是固定蜂窝方案，它们采用 32 kbit/s 话音编码系统，使其话音质量和传真/数据传输同有线本地环路业务一样。这些系统采用 1 895～1 918 MHz 频段，比 800～900 MHz 蜂窝系统有更小的小区，每个小区基站能容纳更多的用户容量。

（4）基于无绳电话 DECT（先进的数字无绳电话）规范的 WLL 系统。这种方案采用了 1 800～1 900 MHz 频段。最初 DECT 的设计只限用于 PBX 中的无绳应用，不是一个真正的 WLL 系统。DECT 具有低功率、范围有限的特性。

（5）专用无线接入系统。专用无线接入系统是根据无线接入的要求，针对不同的应用地区和业务要求，专门设计用于固定用户的无线接入系统。这类系统已成为无线接入系统的主流，如朗讯 WS5 系统、阿卡特 A9500 系统等。

2. 固定宽带无线接入的特点

固定宽带无线接入技术的飞速发展是必然的结果，其市场的诱惑力也是相当惊人的，而这归于固定宽带无线接入技术相对于其他的宽带技术的优势：

（1）建网投资费用低。与有线网建设相比，省去不少铜线设备，网络设计灵活，安装迅速，几周就可投入使用，加速资金的回收。

（2）扩容可以因需求而定，方便、快捷，防止过量配置设备而造成浪费。

（3）运营成本低。无线接入取消了铜线分配网和铜线分接线，无须配置维护人员，因而大大降低了运营费用。

（4）固定宽带无线接入的传输容量可以和光纤媲美。如 LMDS 系统工作频带宽，系统容量大。其带宽可以达到 1 GHz，能够支持高达 155 Mbit/s 的用户数据接入，可以同时为大量用户提供业务服务。

（5）固定宽带无线接入技术具有提供对称业务的潜力，而相比 HFC 和 xDSL 是上下信道不对称的，因此基于固定宽带无线接入可提供的业务种类丰富，可同时向用户提供话音、数据、视频等综合业务，满足用户对数据业务的要求，并可以提供多种承载业务。

（6）网络部署灵活。通过改变扇区角度的大小，无线接入网络的系统容量可灵活改变。另外，无线接入设备很容易拆卸到异地安装，有利于运营商按照业务需求变化改变网络部署从而节约设备投资。无线系统具有良好的可扩充性，扩容简单、方便，可根据用户需求进行系统设计或动态分配系统资源。

（7）安全性能好，抗灾能力强，易于恢复。

(8)由于固定宽带无线接入的发展与原有基础设施关系不大,有利于新的运营企业快速进入市场,有利于打破垄断,增加公平竞争。

(三)固定宽带无线接入的业务

随着一些电信发达的国家相继进行了固定宽带无线接入的实验,并且逐步进入商用来看,现在所谓的固定宽带无线接入系统,除了能提供传统的窄带业务(如话音和低速数据)外,还要求提供高速宽带业务,如计算机网和因特网所需的高速数据、多媒体、远程医疗诊断、远程教学、居家办公、家庭银行以及交互式图像传输和高清晰度电视等。显然,电信技术和广播技术的发展,使得模拟图像传输逐渐过渡到数字图像传输。而且数字信号处理技术、压缩编码技术和超大规模集成电路技术的进步,加速了模拟向数字的转化。预计在 21 世纪初期,数字图像传输技术即将取代模拟图像传输技术。

宽带无线接入技术主要有如下一些应用。

1. 面向连接的业务

(1)租用线业务(leased lines service):租用线业务提供用户终端至网络 El($N \times 64$ kbit/s)、帧中继(FR)连接等,主要应用于 PABX 连接、基于专线的广域网连接应用等。

(2)突发数据业务(burst data services):这类业务的应用包括 Internet、Intranet 以及局域网互联等,主要面向企业、SOHO(小企业及家庭)以及居民用户等。

(3)交换话音业务(switched telephony services):这类业务主要为传统的话音和 ISDN 通信提供接入,网络接口可以是 V5.2 或其他符合标准的接口。

(4)数字视频业务(digital video services):这类业务的应用包括 VOD、高清晰度广播等。从网络角度来说,考虑到业务的不对称性,采用有 QoS 保障的突发数据方式来支持这类业务比较理想。当然,采用租用线的方式也能支持这类业务。具体如何实现,还要由综合业务需求和技术可实现性决定。

2. 面向无连接的业务

面向无连接的业务包括基于 IP 方式的实时业务、因特网接入、局域网互联、虚拟专用网等。

上面分类介绍了宽带无线接入技术的具体应用。实际上,一个特定用户所需求的业务可能是上述一类或几类业务的综合,因此在实际建设网络时应当了解用户的需求,从而合理地配置相应的网络设备。

在宽带无线接入条件下,终端用户可以在无线网络覆盖的范围内的任意地点进行实时的多媒体通信。在移动宽带无线接入下,可设想一个人可以在上班的路上、工作中、回家途中接听同事或亲友打来的视频电话,可以及时地接收各种实时信息,接收邮件,收看影视节目,等等,这些都是在无线宽带网络的条件下完成的。而对于固定宽带无线接入,则可以享受一切宽带接入带来的便利。个人用户可以在家里高速接入网络,进行在线视频点播,在家中建立自己的网络办公室,参加公司的网络会议;可以在家中接受网络教育,学习自己感兴趣的知识;等等。

(四)几种固定宽带无线接入系统及其特点

骨干网的带宽由于光纤的大量采用而相对充足,限制带宽需求的主要瓶颈在接入段。光接入网是发展宽带接入比较好的解决方案,但目前这种方式还存在工程造价太高、建设速度慢等缺点,而且对于部分网络运行企业来说,不具备本地网络资源。在这种情况下,要进入和占领接入市场,采用宽带无线接入技术是一个比较合适的切入点。目前主要的宽带无线接入技术有以 LMDS(本地多点分配业务)、MMDS(多路微波分配系统)、3.5 GHz 固定无线接入为主的固定宽带无线接入系统,以 802.11 标准为主的 WLAN(无线局域网)系统,以 DBS(直播卫星系统)为代表的固定卫星接入系统和不可见光纤无线系统等。

1. LMDS 接入技术

LMDS(local multipoint distribution service),中文译为本地多点分配业务,工作在 20～40 GHz 频带上,传输容量可与光纤比拟,同时又兼有无线通信经济和易于实施等优点。

LMDS 基于 MPEG 技术,从微波视频分布系统(microwave video distribution system, MVDS)发展而来。作为一种新兴的宽带无线接入技术,LMDS 为"最后一公里"的宽带接入和交互式多媒体应用提供了经济和简便的解决方案,它的宽带属性使其可以提供大量电信服务和应用。

LMDS 的特点是:

(1)LMDS 的带宽可与光纤相比拟,实现无线"光纤"到楼,可用频带至少 1 GHz。与其他接入技术相比,LMDS 是最后一千米光纤的灵活替代技术。光纤传输速率高达数吉比特每秒,而 LMDS 传输速率可达 155 Mbit/s,稳居第二。

(2)LMDS 可支持所有主要的话音和数据传输标准,如 ATM、TCP/IP、MPEC－2 等。

(3)LMDS 工作在毫米波波段 20～40 GHz 频率上,被许可的频率是 24 GHz、28 GHz、31 GHz、38 GHz,其中以 28 GHz 获得的许可较多,该频段具有较宽松的频谱范围,最有潜力提供多种业务。

目前,LMDS 基本上还处于试用阶段,而不少的制造商则把为 LMDS 开发的技术使用到 2.5～2.7 MHz 和 3.4～3.6 MHz 频率的产品上,出现了新一代的无线双向宽带接入技术。

2. 3.5 GHz 无线接入

在我国,因频率资源的划分,在高频微波段 10 GHz 以上,未对频谱资源进行详细规划,但由于无线接入的发展需要,国家无线电管理部门暂时划出 3.5 GHz 频段的一部分频率资源,在国内 5 个城市进行固定宽带无线接入的试点。由于现阶段还没有一个具体的名称,这一类接入统称为 3.5 GHz 固定无线接入系统。

3.5 G 设备的工作频率在 3.5 GHz 频段附近,采用频分双工技术,上下行各 30 MHz 的带宽资源。这种接入技术与 LMDS 和 MMDS 系统不完全相同,相对于这两种系统它可利用的带宽资源太少。这就要求系统有更高的频谱利用效率,以提供给用户更高的接入速率。

由于 3.5 G 接入设备的工作频段较 LMDS 系统低,所以系统有更大的覆盖距离,一般覆盖半径可达 30 km,甚至更远。这就可以降低系统的覆盖成本,而且在信号传输上,降雨、雾等天气对系统的影响,大大提高了系统的工作稳定性。

3.5 G 无线宽带接入系统由于频段资源的限制,在系统容量和接入速率上和 LMDS 系统还是有一定差距的。基站的容量在采用了多种频率复用技术后仍只有 LMDS 系统的 10％左右,而这个对于终端用户却不是很明显,终端仍可以实现宽带接入,其系统的覆盖面积却大大增加了。而且采用动态带宽分配技术后,对运营商而言可接入的用户数仍是很可观的。很重要的一点是 3.5 G 接入系统在工程建设和开通上要比 LMDS 系统简单。

3. MMDS 接入技术

MMDS(multichannel microwave distribution system),中文译为多路微波分配系统,它已成为有线电视系统的重要组成部分。MMDS 以传送电视节目为目的,模拟 MMDS 只能传 8 套节目,随着数字图像/声音技术和对高速数据需求的出现,模拟 MMDS 正在向数字 MMDS 过渡。美国的数字 MMDS 由于有 31 个频点,可以传送 MPEG－2 压缩的上百套电视节目和声音广播节目。它还可以在此基础上增加单向或双向的高速因特网业务。

MMDS 的频率是 2.5～2.7 GHz。它的优点是:雨衰可以忽略不计、器件成熟、设备成本低。它的不足是带宽有限,仅 200 MHz。许多通信公司看中用 MMDS 技术来作数据、话音和视频的双向无线高速接入网,这是由于 MMDS 的成本远低于 LMDS,技术也更成熟,它们可以通过数字 MMDS 系统开展高速数据业务,主要是双向无线高速因特网业务。

最近,我国有的大城市已经成功地建成了数字 MMDS,并且已经投入使用。该系统不仅能传送多套电视节目,同时还能传送高速数据。高速数据业务不仅促进地区经济的发展,同时也为 MMDS 经营者带来更大的经济效益。这是因为数据业务的收入远高于电视业务的收入。

4. 无线局域网技术(WLAN)

无线局域网是一种能支持较高数据速率(2～11 Mbit/s)、采用微蜂窝、微微蜂窝结构的自主管理的计算机局部网络。它可采用扩展频谱技术,以无线电或红外线作为传输媒质,其移动终端可通过无线接入点来实现对 Internet 的访问。在无线局域网这个领域中有两个主要标准:IEEE 802.11 和 HIPERLAN(high performance radio local area network)。

IEEE 802.11 只规定了开放式系统互联参考模型的物理层和 MAC 层,它的主要特点如下:支持较高的数据速率(1～11 Mbit/s);支持有中心和无中心两种拓扑结构,支持多优先级,支持时间受限业务和数据业务,具有节能管理和安全认证,可采用无线电或红外线传输介质,可采用直扩或跳频两种扩频技术在世界范围的 ISM 频段使用。无线接入协议采用 CSMA/CA;为了避免碰撞或其他原因造成的传输失败,采用 ACK(确认)应答机制;为了支持多优先级而引入多个不同的帧间隔;为了支持实时业务又引入超帧结构。

5. 固定卫星接入技术

在我国复杂的地理条件下,采用卫星通信技术是一种有效的广覆盖解决方案。在广播电视领域中,曾经使用直播卫星将广播电视节目或声音广播直接送到家庭。该技术利用了工作在专用卫星广播频段的广播卫星,是一种单向、下行广播工作方式。

随着 Internet 的快速发展,利用卫星的带宽进行多媒体数据传送技术的出现,提供了一种解决 Internet 带宽瓶颈问题的新途径,固定卫星接入技术就这样发展了起来。由于固定卫星接入具有覆盖面大、传输距离远、不受地理条件限制等优点,利用卫星通信作为宽带接入网技术,将有很大的发展前景。

卫星按所使用的卫星轨道分为静止轨道卫星(GEO)、中轨道卫星(MEO)和低轨道卫星(LEO)三种,所组成的卫星通信系统分为以下三种类型:

(1)同步卫星通信。使用静止轨道卫星(距地面 36 000 km),三颗卫星覆盖全球。其特点是通信容量大,例如典型的 Intersat Ⅵ 通信卫星,主要用于大型地面站(天线直径大于 15 m)之间的大容量干线通信和国际通信。

(2)VSAT 卫星通信系统。VSAT(very small aperture terminal)中文含义为甚小口径天线地球站,通常指天线口径小于 2.4 m,G/T 值低于 19.7 dB/K 的高度智能化控制的地球站。目前,C 波段 VSAT 天线口径在 1 m 以下,Ku 波段小于 2.4 m。采用 VSAT 组成的卫星通信系统称为 VSAT 卫星通信系统。VSAT 承担的任务有两类:一类以数据为主;一类以话音为主,兼容数据。VSAT 卫星通信系统的优点是成本低、体积小、智能化、高可靠、信道利用率高、安装维护方便等,特别适于缺乏现代通信手段、业务量小的地区。

(3)移动卫星通信系统。移动卫星通信系统为移动用户提供业务,是实现未来全球个人通信的理想的通信方式。

目前,使用 VSAT 卫星通信技术进行宽带接入的网络较多,该网络上行使用地面电话线或数据电路,而下行则以卫星通信高速率传输数据,其典型应用就是提供 ISP 的双向传输,典型系统有美国休斯公司 DirecPC 系统。该系统上行通过现有的电话拨号方式或专线 TCP/IP 网络传送,下行信息则通过 54 MHz 卫星带宽广播发送,这样,用户可享受比传统 Modem 高出 8 倍的速率,达到 400 kbit/s 的浏览速度、3 Mbit/s 的下载速度,为用户节省 60% 以上的上网时间,还可以享受宽带视频、音频多点传送服务。

卫星通信在 Internet 接入网中的应用,在国外已很广泛,而我国也早已开始利用固定卫星接入技术解决 Internet 下载瓶颈问题。该技术用于 Internet 宽带接入的前景非常好,相信不久之后,新一代低成本的双向 IP VSAT 系统也将投入市场。

6. 不可见光纤无线系统

不可见光纤无线系统是一种采用连续点串接的网络结构,被人们称为有自愈环工作特性的宽带无线接入系统,兼有 SDH 自愈环的高可用性能和无线接入的灵活配置特性,可应用于 28 GHz、29 GHz、31 GHz 和 38 GHz 等毫米波段。系统通路带宽为 50 MHz,当通路调制采用 32QAM 时,可以提供 155 Mbit/s 全双工 SDH 信号接口,用户之间通过标准 155 Mbit/s,1 310 nm 单模光纤接口互联;当通路调制采用 8PSK 时,可以提供两个 100 Mbit/s 全双工快速以太网信号接口,用户之间通过标准 100 Mbit/s,1 310 nm 多模光纤接口互联。

该系统采用环形拓扑结构,当需要扩容时,可以分拆环或在 POP 点增加新环。系统的频谱效率很高,运营者可重复使用一对射频信道给业务区的所有用户提供服务。该系统采用有效的动态功率电平调节和前向纠错技术,具有优良的抗雨衰能力,可为用户提供宽带Internet接入、增值业务、会议电视、远程教学、专线服务以及传统的电话服务等,是一种有竞争力的新技术。

二、宽带 ATM 无线接入

接入网近年来逐渐受到重视,解决网络接入部分带宽不足的瓶颈问题成为网络建设的重点。

(一)无线 ATM

1. 无线 ATM 的概念

异步传送模式(ATM)作为宽带网络的核心技术,已经不断地成熟,特别是在数据通信领域得到了不同程度的应用。其特点是统计复用、信元长度固定、虚通道(VP)与虚通路交换(VC)、带宽的动态分配、能综合多种业务。

近年来,许多机构开始致力于将 ATM 技术拓展到无线网络,从而将 ATM 特性应用于无线电通信中。从而把基于信元的宽带技术与当前最新的无线接入网技术结合起来。

ATM 技术和移动通信技术的结合形成无线 ATM 技术,无线异步传送模式(WATM)实质上是将 ATM 网上宽带业务延伸至无线移动网,把 ATM 无缝隙地扩展到移动通信终端。

无线 ATM 主要支持与固定 ATM 技术兼容的无线宽带业务和终端移动性两种功能,其基本技术包含无线接入和移动 ATM。其中,前者是通过无线介质扩展 ATM 业务的,后者具有支持终端移动的能力。从技术实现上来说,有影响的系统是宽带毫米波接入(ATM-LAN)、宽带移动系统(MBS)、ATM 无线接入(AWA)系统、贝尔实验室的 Bahama 和 MII 无线 ATMLAN。

WATM 的总目标是设计整体的无线业务网络,以相对透明的、无缝的、有效的方式,提供基于光纤的 ATM 网的无线业务延伸;系统应有业务等级、比特率和服务质量(QoS)控制的合理范围。系统设计包括系统功能、提供的业务、支持环境和固定网络接入。

无线信道是时变、频变信道,移动通信要面对传播损耗和多径衰落效应,导致误码率高、传输速率受限、频谱使用受限,因此以 ATM 为基础,开发 WATM 工程还需要探索和解决很多新的问题。

2. 无线 ATM 网络中的差错控制

ATM 是一种基于异步时分复用的传输方式,是为高传输速率和低误码率的光纤信道而设计的。无线信道的多路径和时变特性限制了无线链路中的传输速率,误码率高且呈突发型分布,因此需采用差错控制来提高物理层的传输性能。

(1)信元头差错控制(HEC)。用循环冗余校验(CRC)对 ATM 信元头进行保护,包括 4 Bytes 的头信息和 1 Byte 的 CRC,CRC 保证正确的路由选择和信元定界(CD 功能)。

（2）正向纠错（FEC）。强纠错能力的 FEC 是优化 WATM 系统性能的重要环节；对功率受限的信道，用较低的编码效率，以得到较高的编码增益；对带宽受限的信道，则使用较高的编码效率，达到较高的传输速率。实现 FEC 用 RS 码（用作外码）和卷积码（用作内码）级联，性能改善明显，实现简单。

（3）交织纠错。WATM 的交织分为两部分：①信道交织，用于存在突发错误的信道，交织长度的选择依赖于突发性差错特性和信元传送延时要求；②ATM 交织，使 FEC 解码后产生的突发性差错随机变化，可使用交织长度较短的、简单的卷积交织器。

（4）自动请求重发（ARQ）。用于保证可靠传输。对于延时和延时抖动不敏感的业务，在 WATM 中，使用 ARQ 比较合适。

（二）宽带无线接入面临的问题

1. 开拓新的无线频段

有关第三代移动通信系统中的物理层，可考虑选用 60 GHz 频段，利用其 15 dB/km 的氧气吸收来提高频率复用率和系统容量，也可考虑选用大气衰耗仅约 0.1 dB/km 的 40 GHz 频段，扩大服务范围及提高 QoS。

在现代宽带卫星系统中，可考虑开放和研究选用易于频率协调的 Ka（20/30 GHz）频段，甚至 EHF 或 Q/V（40/50/60 GHz）的更高频段，以利于接入包括 HDTV 在内的宽带综合业务信息。

2. 空分多址（SDMA）应用

为进一步提高频谱利用率和系统容量，可考虑使用窄波束天线系统来实现 SDMA，开发一种智能波束控制法，使基站或卫星天线快速指向通信中的移动站。当然，相应的多址协议也必须适应 SDMA。

三、无线宽带改变未来

（一）问题的提出

为了让无线技术真正成为计算机的标准配备而非可选件，英特尔联合多家该领域主要厂商共同组建了 Wi-Fi 联盟，统一进行标准制定、实际产品研制以及宣传推广。Wi-Fi 的应用领域除了家用、商用无线网络外，也进入酒店、会议中心、机场、休闲咖啡屋之类的公众场所，成为高速上网的一个通道。尽管迅驰发布到现在只经历较短的一段时间，但无线联网技术已经深入人心，英特尔也将它作为未来技术开发重点。即将推出的迅驰二代平台将改用速度更快的 IEEE 802.11g 标准，最大传输速度从 11 Mbit/s 提升到 54 Mbit/s。另外，英特尔也准备将无线技术引入台式机领域，i915/925X 系列芯片组的 ICH6W 南桥就将该功能直接整合。可以预见，IEEE 802.11 体系的无线局域网技术，将继以太网之后成为 PC 的联网标准，从此，局域网将进入真正的无线时代。

Wi-Fi 领域的辉煌胜利让英特尔获利颇丰，作为新技术的领导者，它的目光并没有一直局限在这个领域,而是开始下一波无线技术的推广,即作为无线城域网标准的 IEEE 802. 16,英特尔专门组建了"WiMAX 联盟"来推广这项技术。IEEE 802.16 的出现将无线技术从家庭、企业内部拉到了室外,IEEE 802.16a 的有效距离高达 50 km,并可提供比 Wi-Fi 高得多的传输速率。如果说 Wi-Fi 实现了局域网的无线连接,那么 IEEE 802.16 或 WiMAX 将把无线技术扩展到城域网。不难发现,无线技术的应用领域开始被大大拓展了。

(二)技术特点

与其他所有无线通信技术一样,IEEE 802.16 使用的同样是载波通信方式:待传输的二进制数据使用预先指定的调制技术调制在无线电载波上,经由载波传输至目标端,然后再由接收终端解调,将数据还原。不同的无线传输技术之所以会在数据传输速率、传输距离等方面存在差异,根本原因在于它们赖以工作的机制互不相同,这方面的要素包括工作频带、调制技术以及多址方式等。

1. 工作频带

目前,WiMAX 共包含 IEEE 802.16 和 IEEE 802.16a 两项子标准(IEEE 802.16e 尚未发布,具备一定的可移动性),二者的工作频带并不相同:前者工作在 10～66 GHz 通信频带,每通道频带宽度可以为 20 MHz、25 MHz 或 28 MHz。在 28 MHz 下,它的每个通道数据传输率可以达到 32～134 Mbit/s 级别;后者的通信频带则小于 11 GHz,采用可选通道方式,每个通道频宽在 1.25 MHz～20 MHz 之间,当频宽为 20 MHz 之时,IEEE 802_16a 的最高速率也达到 75 Mbit/s。IEEE 802.16e 规格已经基本确定:通信频带小于 6 GHz,上行链路的子通道频宽与 802.16a 相同,当频宽为 5 MHz 时,它可以提供 15 Mbit/s 的连接速率。由于 IEEE 802.16e 针对移动性而设计,要求在以一定的速度运动时也可以连上网络,适用对象为单体的笔记本电脑,因此并不需要太高的速率,15 Mbit/s 已经是一个非常宽裕的数字了,远超过时下流行的各种类似宽带技术。

2. 调制技术

信号调制的作用是将二进制数据加载到无线电载波上,数据传输才成为可能。简单点说,"调制"要解决的就是用什么方法让连续的正弦无线电波来表达二进制数据的问题。在无线电波采用同样频宽的条件下,采用不同的调制技术往往会得到不同的数据传输率。因此,调制技术直接关系到无线传输可得到的实际性能。IEEE 802.16 采用 QPSK (quaternary phase shift keying,四相移相键控调制)、16-QAM(quadrature amplitude modulation,正交振幅调制)和 64-QAM 三项调制技术。

3. 多址方式和用户数

无线通信采用的是一种广播的方式而非点对点传输,网内一个用户发射的信号其他所有用户均可接收,所以网内用户如何从播发的信号中判别出它是否是发送给本用户的,就成为多址接入方式要解决的关键问题。

IEEE 802.16 使用的是时分多址技术,相对于 802.11,它具有接入容量大的优点。一个

802.11 接入点通常只能同时接入数十个用户,而一个 802.16 基站可以同时接入数千个远端用户站。当然,在这方面它还无法与 CDMA 系统相提并论,但 802.16 的另一个优势是兼顾了高数据传输性能,并且可满足多路、多类传输业务的需求,诸如数据、视频、语音(VoIP)等等,这是其他技术所无法比拟的。

4. 针对多业务的优化:链路层 ARQ、自适应参数调整与 QoS 服务质量

刚刚提到 802.16 必须兼顾 IP 数据、视频/语音两类业务,而这两类业务对无线传输的稳定性和差异化要求不一,那么,802.16 如何解决这个问题?

802.16 将用于室外远距离通信,信号衰减和多径效应对信道稳定性影响极为显著,为了解决这个问题,802.16 采取多种手段,如让物理层的调制解调器参数、FEC 编码参数、ARQ(自动重发请求)参数、功率电平、天线极化方式等多个技术参数都可自适应调整,另外,在链路层也加入 ARQ 机制,减少到达网络层的信息差错率,整体上提升了系统的通信质量。

但对视频/语音相关业务来说,关键在于 802.16 网络必须可提供 QoS 技术。QoS 是用来解决网络延迟和阻塞等问题的一项技术。802.11 体系不支持 QoS,因此就无法提供实时视频传输和语音业务,而只能作为基于 TCP/IP 的数据局域网,但 802.16 在 QoS 的辅助下可以保证视频/语音业务的正常进行,这也是它的一大亮点。

802.16 可提供固定带宽(CBR)、承诺带宽(CIR)、尽力带宽(BE)三种服务等级。其中:CBR 拥有最高的优先级,在任何情况下用户都可以获得可靠、稳定的带宽;CIR 优先级次之,它在承诺一个基本的固定带宽基础上,可以根据设备带宽资源情况向用户适当提供更多的传输带宽;BE 的优先级最低,只有在系统满足其他用户较高优先级业务之后,才会将余力用于向该用户提供传输带宽。

IEEE 802.16 最大的优点是高速度和远距离。802.16 协议最高速率为 134 Mbit/s,802.16a 也可达到 75 Mbit/s。更远距离、更好的适用性和更低的成本是 IEEE 802.16 技术最主要的优点,而这也奠定了它在未来城域无线网络市场的主导地位。

5. 更远的距离

与 802.11 相比,802.16 最大的优点是其超远的覆盖范围。802.11 的有效范围一般不超过 100 m,但 IEEE 802.16 协议可达到 2 km,而 IEEE 802.16a 协议更是可以覆盖方圆 50 km 的范围。这样,电信企业完全可以利用这项技术来代替 Cable 线缆、DSL、光纤接入等有线通信技术,构建一个覆盖广大地域范围的 WiMAX 无线网络。

用户终端使用 WiMAX 网络可以有两种方式:

(1)通过专门的 WiMAX 接入设备来连接。该设备的功能类似 ADSL Modem 或 Cable Modem,只不过它是以无线的方式接入到互联网。如果要接入互联网的是有线以太网,那么对应的 Hub、交换机就必须通过专用的线缆与 WiMAX 接入设备连接在一起。这样,整个局域网内的计算机都可以连接网络。同样,如果接入互联网的是 802.11 无线网络,同样只需借助专用线缆将 802.11 访问点与 WiMAX 接入设备连接起来即可,整个无线局域网内的计算机便可完全通过无线的方式接入互联网中。

(2)用户终端直接连入 WiMAX 网络,这同样需要借助专门的 WiMAX 接入设备来实现。对台式机来说,这个设备可能是 WiMAX Modem,而对于笔记本电脑来说,可能只是一块支持 802.16 协议的 PC 卡而已。如此一来,用户要接入互联网就非常简单。这种接入方式完全可以让现在的 Wi-Fi 热点失去活力。众所周知,英特尔为了推广 Wi-Fi,花费巨资推动相关应用,在全球许多地方都建设了 Wi-Fi 热点,涉及的热门地区包括机场、星级酒店、高档咖啡厅等场合,用户可以借助笔记本电脑内置的 Wi-Fi 功能实现无线上网。但和WiMAX 相比,所谓的 Wi-Fi 热点立即黯然失色。打个形象的比喻,"Wi-Fi 是用户拿着笔记本到处找热点(接入点),而 WiMAX 就好像是开着探照灯寻找我们,只要用户一开机,它就主动提供服务"。显然,在这个应用领域,WiMAX 的优势是 Wi-Fi 无法比拟的。

6. 更好的适用性、更低的成本

WiMAX 网络拥有的良好适用性充分体现在以下几个方面:一是网络部署时间短;二是具有完全覆盖能力;三是可根据应用需要灵活调整。

网络部署时间短的优势很大程度上得益于 WiMAX 的大覆盖范围,对于 IEEE 802.16标准,每隔 2 km 需要建设基站,但对于更流行的 IEEE 802.16a 来说,只要每隔 50 km 建设基站即可,而一个基站可以连接数千个 WiMAX 访问终端。不难看出,一个城市里并不需要大量的基站,只需要花几天时间,便可以从零开始将一个完整的 WiMAX 网络建设完成。而由于基站数量少、建设时间短,所需的建设成本也变得相当低廉,比传统的 DSL 接入、Cable 接入或以太网接入要经济得多。

毫无疑问,WiMAX 是一项令人激动的新技术,它的出现让无处不在的互联网真正成为可能——这个时候,谈及"随时随地接入"或许更名副其实。

另外,针对移动应用的 802.16e 协议还处于标准制定阶段,估计要等到标准制定之后笔记本电脑即可以支持这项技术,届时用户即使在出租车等交通工具上亦可实现无线上网。

在过去一段时间,业界普遍认为 Wi-Fi 将成为 IT 的第一驱动力,但在流行数月之后,Wi-Fi 的疲态尽显,难以承担第一驱动之职。把接力棒交给 WiMAX 或许更为合适,而WiMAX 的的确确可以承担这样的职责。

综合来说,802.16 技术具有以下几个主要的技术优势:

(1)高带宽,覆盖范围广;

(2)频谱利用率高;

(3)业务类型多样化,并能保障 QoS;

(4)空中接口标准化程度高,易得到芯片厂商的支持,有利于产业化,形成规模经济;

(5)可从固定无线接入系统平滑过渡到移动无线接入系统,在网络演进方面极具优势。

因此,802.16 技术被视为目前最有发展前景的宽带无线接入技术,是下一代网络(NGN)发展中重要的组成部分。

(三)技术应用

虽然 802.16e 在数据能力上要优于 3G,但是从标准化、全球统一频谱、技术特性等多角度考虑,802.16e 距离真正商用还有很长的路要走,而且在相当长的时间内主要解决热点覆盖,及部分移动性问题。

802.16 技术作为理想的宽带无线接入技术,可根据不同的业务需求应用在不同的场合。

(1)在缺乏线缆资源的城市中,在业务量集中、用户群集中的地区,运营商尤其是新兴运营商可以通过 802.16 技术为企业用户和集团用户提供高带宽的数据和语音接入服务,解决长期以来受制于线缆资源而无法发展新用户的困扰。

(2)在临时的展会和会议场所,802.16 无线技术可为临时活动提供即时可配置的"按需"高速连接,并能在极短时间内根据用户需求改变服务等级,活动结束后还可迅速改变无线网络拓扑结构。服务提供商利用 802.16 技术实现了以较短时间、低廉的成本提供可媲美有线解决方案速度的服务。

(3)在农村和人口密度较低的偏远地区,802.16 无线技术是服务提供商向用户提供 Internet 接入服务和语音服务的最佳选择。相对于需要花费大量人力、物力铺设有线基础设施的有线解决方案,802.16 网络初始投资更少,网络部署和业务开展更为迅速。

(4)802.16 无线城域网与 802.11 无线局域网相结合,可实现室外远距离无线连接与室内游牧式高速数据连接的结合,将无线网络从局域网扩展到城域网。

(5)802.16e 技术对移动性的支持,使得用户可以获得漫游和切换服务,在非归属地也能灵活地接入到当地的宽带网络。

(6)802.16 无线技术作为下一代宽带无线网络的经济新增长点,受到了芯片厂商的高度重视,Intel 公司已经大规模推出符合 802.16 标准的集成芯片,这为该技术形成良好的产业链打下了稳定的关键一环。在标准化和市场化工作取得很大进展的同时,802.16 技术想要在未来的无线通信网络中取得类似蜂窝移动通信的巨大成功,还有很多工作要做,有漫长的路要走。

(7)继续完善 802.16 无线技术的标准化工作。目前,已有的无线接入系统由于缺乏标准,价格相对较为昂贵,技术的标准化可以极大降低设备成本,建立良好的产业链。但目前在 802.16 无线技术的标准化过程中,仍有一些技术细节尚未得到解决,这在一定程度上阻碍了该技术的发展。

(8)频谱分配策略和频谱兼容问题。802.16 技术主要工作在 2～11 GHz 的许可频段,在网络部署时需要获得政府部门的频率许可。政府无线管理部门所采取的频谱分配策略对 802.16 技术的发展有着决定性的作用。

(9)802.16 无线技术应与其他技术相结合,为用户提供更加方便灵活的服务。众所周知,没有一种宽带接入技术能够唯一占据市场,每一种技术均有其各自最适合的应用场合。在同一区域,多种宽带接入技术将会共存,应当努力做到多种技术优势互补,通过集成这些技术,为用户无缝、透明地提供高度灵活的服务。

(10)互操作性问题。解决不同厂商设备之间的兼容性和互操作性问题,是推动宽带无线网络部署的巨大动力,802.16 无线技术也不例外。WiMAX 正致力于解决在宽带无线接入系统间实现互操作,推广 IEEE 802.16 标准设备在运营商的宽带无线接入系统中的应用。

(11)进一步降低设备价格,用户设备更加易于安装、使用和维护。价格是决定宽带无线接入技术能否取得成功的关键因素之一。同时,对于 IEEE 802.16 这样的宽带无线接入技术,用户设备能否易于安装和使用也是其能够大规模应用的重要影响因素。

(12)向移动网络的平滑过渡。802.16 固定无线接入技术与现有的其他固定无线接入技术在应用场合上有很大的相似性,虽然标准化的空中接口、更高的传输速率等级和更远的覆盖范围使其具有一定的技术优势,但是真正能够吸引运营商特别是固定网络运营商的是802.16 技术能够从固定无线接入网络平滑过渡到移动网络。因此,积极研究 802.16e 技术,开发其对移动业务的支持能力,是 802.16 技术是否能最终获得成功的关键。

(四)无线网络标准介绍

如果对无线网络标准有所关注,一定会注意到 IEEE 802 下属的无线标准族数目庞大、种类繁多,许多人往往对此感到困惑。

目前,IEEE 802 旗下的无线网络协议一共有 802.11、802.15、802.16 和 802.20 等四大种类,这四大类协议中又包含各种不同性能的子协议。IEEE 802.11 体系定义的是无线局域网标准,针对家庭和企业中的局域网而设计,应用范围一般局限在一个建筑物或一个小建筑物群(如学校、小区等)。802.11 体系包括 802.11b、802.11a 和时下流行的 802.11g 三个子标准,三者的区别主要在于传输速度和兼容性方面:802.11b 最多只能实现 11 Mbit/s 速率(衍生出的非正式标准 802.lib＋可达到 22 Mbit/s),使用 2.4 GHz 无线频带通信;802.11a 则可以达到 54 Mbit/s 速率,性能比 802.11b 高出一大截,但它使用的是 5 GHz 无线频带,因此无法与 802.11b 相兼容,若要从 802.11b 升级到 802.11a 显然需要花费很高的成本,这导致802.11a 不受业界关注;802.11g 则很好兼顾了性能与兼容性,它的传输速率同样达到 54 Mbit/s,所采用的则是与 802.11b 相同的 2.4 GHz 频带,因此同 802.11b 保持兼容,尽管这种兼容必须以性能损失为代价——倘若网络中存在一个 802.11b 客户端,那么整个网络都会自动降速为 11 Mbit/s。虽然这样的兼容性并不完美,但在没有更好技术的条件下,802.11g 无疑是最佳选择,它也是目前流行的新一代无线局域网技术。

IEEE 802.15 大家也许知之不多,它所定义的其实是无线个人网络(wireless personal area network,WPAN),主要用于个人电子设备与 PC 的自动互联,这类设备包括手机、MP3播放器、便携媒体播放器、数码相机、掌上电脑等等。其中 IEEE 802.15.1 子协议基于蓝牙技术,有效范围在 10～100 m,最快速率只有 1 Mbit/s;IEEE 802.15.3a 子协议使用电子脉冲作为数据传输的载波,有效范围为 3～10 m,但它的速率将达到 100 Mbit/s;IEEE 802.15.3a 协议所使用的无线通信技术也被称作超宽带(UWB),英特尔也采用这项技术来设计自己的无线 USB 协议;IEEE 802.15.4 采用一种名为 Zigbee 的无线技术,它更为人知的称呼是 HomeRF Lite 或 FireFly,主要用于近距离无线连接,使用无须申请的 2.4 GHz 和 915MHz 无线频带,作用距离在 30～75 m 之间,传输速率只有 250 kbit/s,但它的优点是功耗很低,主要用于不要求传输速率的某些嵌入设备中。

IEEE 802.16 是一种广带无线接入技术(broadband wireless access,BWA),定义的是城域网络,性能可媲美 Cable 线缆、DSL、T1 专线等传统的有线技术。IEEE 802.16 包含802.16 和 802.16a 两项子协议,前者的作用距离为 2 km,传输速率在 30 Mbit/s 至 130

Mbit/s 之间,而 802.16a 的传输距离可达到 50 km,速率也能达到 75 Mbit/s。看得出,在上述各种无线通信技术中,还没有哪项技术可以在有效范围和性能标准上都胜过 IEEE 802.16a。

IEEE 802.20 与 802.16 在特性上有些类似,都具有传输距离远、速度快的特点。不过 IEEE 802.20 是一项移动广带无线接入技术(mobile broadband wireless access,MBWR),它更侧重于设备的可移动性,例如在高速行驶的火车、汽车上都能实现数据通信(802.16 无法做到这一点)。802.20 将使用 3.5 GHz 以下的频段,并专为 IP 数据传输优化,每个用户可望拥有超过 1 Mbit/s 的峰值数据传输率,而同时支持的用户数量也比现在的移动通信系统高得多。不过,IEEE 802.20 的开发进度较慢,目前尚未有成型的标准出现。

四、无线接入网络接口与信令

从概念上而言,无线接入网是由业务节点(交换机)接口和相关用户网络接口之间的系列传送实体组成的,为传送电信业务提供所需传送承载能力的无线实时系统。从广义看,无线接入是一个含义十分广泛的概念,只要能用于接入网的一部分,无论是固定接入,还是移动接入,也无论服务半径多大,服务用户数多少,皆可归入无线接入技术的范畴。

一个无线接入系统一般是由 4 个基础模块组成的:用户台(SS)、基站(BS)、基站控制器(BSC)、网络管理系统(NMS)

(1)用户台的功能是将用户信息(语音、数据、图像等)从原始形式转换成适于无线传输的信号,建立到基站和网络的无线连接,并通过特定的无线通道向基站传输信号。这个过程通常是双向的。用户台除了无线收发机外,还包括电源和用户接口,这三部分有时被放在一起作为一个整体,如便携式手机;有时也可以是相互分离的,可根据需要放置在不同地点。有时用户台还可以通过有线、无线或混合等多种方式接入通信网络。

无线用户台:无线用户台指是的由用户携带的或固定在某一位置的无线收发机。用户台可分为固定式、移动式和便携式 3 种。在移动通信应用中,无线用户台是汽车或人手中的无线移动单元,这一般是移动式或便携式的无线用户台。而固定式终端常常被固定安装在建筑物内,用于固定的点对点通信。

(2)无线基站:无线基站实际上是一个多路无线收发机,其发射覆盖范围称为一个"小区"(对全向天线)或一个"扇区"(对方向性天线),小区范围从几百米到几十千米不等。一个基站一般由 4 个功能模块组成:①无线模块,包括发射机、接收机、电源、连接器、滤波器、天线等;②基带或数字信号处理模块;③网络接口模块;④公共设备,包括电源控制系统等。这些模块可以分离放置也可以集成在一起。

(3)基站控制器:基站控制器是控制整个无线接入运行的子系统,它决定各个用户的电路分配,监控系统的性能,提供并控制无线接入系统与外部网络间的接口,同时还提供其他诸如切换和定位等功能,一个基站控制器可以控制多个基站。基站控制器可以安装在电话局交换机内,也可以使用标准线路接口与现有的交换机相连,从而实现与有线网络的连接,并用一个小的辅助处理器来完成无线信道的分配。

(4)网络管理系统:网络管理系统是无线接入系统的重要组成部分,负责所有信息的存储与管理。

一般而言,无线接入网的拓扑结构分为无中心拓扑结构和有中心拓扑结构两种方式。

采用无中心拓扑方式的无线接入网中,一般所有节点都使用公共的无线广播信道,并采用相同协议争用公共的无线信道。任意两个节点之间均可以互相直接通信。这种结构的优点是组网简单,费用低,网络稳定。但当节点较多时,由于每个节点都要通过公共信道与其他节点进行直接通信,因此网络服务质量将会降低,网络的布局受到限制。无中心拓扑结构只适用于用户较少的情况。

采用有中心拓扑方式的无线接入网中,需要设置一个无线中继器(即基站),即以基站为中心的"一点对多点"的网络结构。基站控制接入网所有其他节点对网络的访问。由于基站对节点接入网络实施控制,所以当网络中节点数目增加时,网络的服务质量可以控制在一定范围内,而不会像无中心网络结构中急剧下降。同时,网络扩容也较容易。但是,这种网络结构抗毁性较差,一旦基站出现故障,网络将陷入瘫痪。

对于大多数无线接入系统来讲,它们在应用上有一些共同的特性:无线通信提供一个电路式通信信道;无线接入是宽带的、高容量的,能够为大量用户提供服务;无线网络能与有线公共网完全互联;无线服务能与有线服务的概念高度融合。

电路式通信信道可以是实际的电路,也可以是虚拟的,但两种情况下都必须满足一些功能上的要求。电路式信道是实时的,适于语音通信;是用户对用户的、点对点的信道,而非广播式或网络式信道;是专用的和模块化的,可以增减或替换。

无线接入系统可用于公共电话交换网(PSTN)、DDN、ISDN、Internet 或专用网(MAN、LAN、WAN)等。现在,越来越多的无线接入系统已经能够与公共网连为一体,无论是直接相连还是通过专用网与 PSTN 接口。

对于用户而言,能否从网络中获取高质量的服务才是最重要的。集成的无线接入系统的通信能力与信道本身无关,无线接入系统所能提供的通信质量与有线相当。

互联质量的一方面是服务的等级,真正的无线接入系统应有与有线系统相近的阻塞概率。另一方面是系统对新业务的透明度,如果有线电话能够支持传真,那么无线系统应该也可以,无线用户有权要求获得与有线用户相同的服务。

从 OSI 参考模型的角度来考虑,网络的接口涉及网络中各个站点要在网络的哪一层接入系统。对于无线接入网络接口而言,可以选择在 OSI 参考模型的物理层或者数据链路层。若无线系统从物理层接入,即用无线信道代替原来的有线信道,而物理层以上的各层则完全不用改变。这种接口方式的最大优点是网络操作系统及相应的驱动程序可以不做改动,实现较为简单。

另一种接口方式是从数据链路层接入网络,这种接口方式采用适用于无线传输环境的MAC(媒体接入控制协议)。在具体实现时只需配置相应的启动程序来完成与上层的接口任务即可,这样,现有有线网络的操作系统或者应用软件就可以在无线网络上运行。

从网络的组成结构来看,无线接入网的接口包括本地交换机与基站控制器的接口、基站控制器与网络管理系统的接口、基站控制器与基站的接口、基站与用户台之间的接口。

本地交换机与基站控制器之间的接口方式有两类:一是用户接口方式(Z 接口);二是数

字中继线接口方式(V5)。由于 Z 接口处理模拟信号,因此不适合现在的数字化网络的需要。V5 接口已经有标准化建议,因此 V5 接口非常重要。

基站控制器与网络管理系统接口采用 Q3 接口。基站控制器与基站之间的接口目前还没有标准的协议,不同产品采用不同的协议,可以参见具体的产品说明。

用户台和基站之间的接口称为无线接口(Um)。各种类型的系统有自己特定的接口标准。如常用无线接入系统 DECT、PHS 等都有自己的无线接口标准。在设备生产中必须严格执行这些标准,否则不同公司生产的 SS 和 BS 就不能互通。

无线接口中的一个重要内容是信令,它用于控制用户台和基站的接续过程,还要能适应接入系统与 PSTNASDN 的联网要求。在适用于 PSTN/ISDN 的 7 号信令系统中,也包含有一个移动应用部分(MAP)。虽然各种接入系统信令的设计差别较大,但都应能满足与 PSTNASDN 的联网要求。

采用扩频方式的码分多址移动通信系统 CDMA 是一种先进的移动通信制式,在无线接入网方面的应用也显示了其很强的生命力。Motorola 公司的 WiLL 接入系统就是根据美国电信标准协会(TIA)的 IS-95 标准,开发的新一代 CDMA 无线接入系统。它的信令设计也是在 7 号信令的基础上编制的。下面以 IS-95 标准为例,介绍无线接口 Um。

(一)无线接口三层模型

无线接口的功能可以采用一个通用的三层模型来描述。

1. 物理层

这一层为上层信息在无线接口(无线频段)中的传输提供不同的物理信道。在 CDMA 方式中,这些物理信道用不同的地址码区分。用户台和基站间的信息传递以数据分组(突发脉冲串)的形式进行,每一个数据组有一定的帧结构。

物理信道按传输方向可以分为由基站到用户台的正向信道和用户台到基站的反向信道,分别称为下行信道和上行信道。

2. 链路层

它的功能是在用户台和基站之间建立可靠的数据传输的通道,主要作用如下:

(1)根据要求形成数据传输帧结构。完成数据流量(每帧所含比特数)的检查和控制以及数据的纠、检错编译码过程。

(2)选择确认或不确认操作之类的通信方式。确认、不确认指收到数据后,是否要把收信状态通知发送端。

(3)根据不同的业务接入点(SAP)要求,将通信数据插入发信数据帧或从收信帧中取出。

3. 管理层

管理层又分为三个子层:

(1)无线资源管理子层(RM)。RM 子层负责处理和无线信道管理相关的一些事务,如无信线道的设置、分配、切换、性能监测等。

（2）移动管理子层（MM）。MM 子层运行移动管理协议，该协议主要支持用户的移动性。如跟踪漫游移动台的位置、对位置信息进行登记、处理移动用户通信过程中连接的切换等。其功能是在用户台和基站控制器间建立、保持及释放一个连接，管理由移动台启动的位置更新（数据库更新），以及加密、识别和用户鉴权等事务。

（3）连接管理（CM）。CM 子层支持以交换信息的通信。它由呼叫控制（CC）、补充业务（SS）、短消息业务（SMS）组成。呼叫控制具有移动台主呼（或被呼）的呼叫建立（或拆除）电路交换连接所必需的功能。补充业务支持呼叫的管理功能，如呼叫转移（call forwarding）、计费等。短消息业务指利用信令信道为用户提供天气预报之类的短消息服务，属于分组消息传输。

（二）信道分类

窄带 CDMA 系统（N－CDMA）是具有 64 个码分多址信道的 CDMA 系统。正向信道利用 64 个沃尔什码字进行信道分割，反向信道利用具有不同特征的 64 个 PN 序列作为地址码。正、反向信道使用不同的地址码可以增强系统的保密性。

在 64 个正向信道中含有导频信道、同步信道等，而且在正向、反向业务信道中不仅含有业务数据信道，也可以同时安排随路信令信道。业务数据信道用于话音编码数据的传输，而且信道的传输速率可变，以提高功率利用率，减小对其他信道的干扰。为了方便信道的分类，又把各种功能信道的总和称为逻辑信道。

（三）正向信道的构成和帧结构

从基站至用户台正向信道的结构用户中，包括一个导频信道、一个同步信道（必要时可以改做业务信道）、7 个寻呼信道（必要时可以改做业务信道，直至全部用完）和 55 个（最多可达 63 个）正向业务信道。

第五章　电子信息技术的基础认知

第一节　电子信息技术的内涵

一、信息与信息技术

在现代人们的日常生活中,关于信息的名称、话题无处不在,比如,可以通过手机将短信息发送到世界的任意角落,可以通过 E - mail、QQ、MSN、SKYPE 等网络通信工具,与相距万里的友人通信。

(一)信息的概念

信息一词的英文为 Information,表示音信、消息。相关学者分别从语言学、哲学、自然科学等不同角度提出各自对信息的定义,但目前尚没有基础科学层次上的信息定义。信息从其本质来讲,是一种非物质性的资源,它存在于物质运动和事物运行的过程之中。可以简单地概括为信息是表达物质运动和事物运动的状态和方式的泛称。

(二)信息技术的概念

信息技术(Information Technology,IT),是用于管理和处理信息所采用的各种技术的总称,可从广义、中义、狭义三个层面来定义它。广义而言,信息技术是指能充分利用与扩展人类信息器官功能的各种方法、工具与技能的总和,此定义强调的是从哲学上阐述信息技术与人的本质关系。中义而言,信息技术是指对信息进行采集、传输、存储、加工、表达的各种技术之和,该定义强调的是人们对信息技术功能与过程的一般理解。狭义而言,信息技术是指利用计算机、网络、广播电视等各种硬件设备及软件工具与科学方法,对各种信息进行获取、加工、存储、传输与使用的技术之和,该定义强调的是信息技术的现代化与高科技含量。

这里所说的信息技术取狭义,也可称之为电子信息技术。电子信息技术主要是指信息获取、信息传递、信息存储、信息处理和信息显示等技术。如果将电子信息技术看作一个多维坐标系中的一个向量,则信息获取、信息传递、信息存储、信息处理和信息显示是构成这个向量的四个不同维度上的分量,每一个分量都有其自成一体的系统理论与技术。信息的获取是信息处理技术的前端,一般要借助特定的电子设备来实现,如电子信息战中,通过雷达、声呐信息探测设备,在噪声中探测到相应的电信号、声信号。信息的传递则需借助通信技术与设备,将物理的消息转变成电信号或光信号,然后通过无线或者有线的方式进行远程传输。信息存储一般通过计算机来实现,将信息存放在内部存储器或者外部存储器中,以备处理。信息处理是另一个重要的技术,一般通过通用或者专用的数字信号处理芯片来实现。信息显示是将信息物化成图形、文字等形式,在计算机的显示屏 LCD 阵列上显示出来。

(三)信息技术的分类

关于信息技术的分类,不同的分类标准得到的分类方案是不同的。从信息的技术载体来分,可以将信息技术分为微电子信息技术、光电子信息技术、超导电子信息技术、分子电子信息技术、生物信息技术等。从技术要素的角度来看,可把信息技术分为微电子技术、通信技术、计算机技术、网络技术、软件技术等。从经济学的角度,可将信息技术分为硬信息技术与软信息技术。

二、电子信息技术的发展

电子信息技术是当代最活跃、渗透力最强的高新技术。大力发展电子信息技术和产业已成为世界各国提高综合国力的战略选择,衡量国家综合竞争力的重要标志和各国争夺发展主动权的战略制高点。就目前电子信息技术的发展趋势来看,主要体现在以下几个方面。

(一)集成电路:向物理极限接近

集成电路技术是整个电子信息技术的发展历程的革命性的因素。众所周知,计算机的微型化,主要动力就在于集成电路的发展,一方面集成电路减小了计算机的体积,另一方面微处理器芯片、存储器等都有赖于集成电路。

(二)软件技术:软件平台化、开源化

软件作为电子信息技术的另一个分支,其发展趋势体现为从单一产品竞争转向平台竞争,各类软件平台成为竞争的焦点。为满足网络的要求,软件商在丰富软件网络化功能方面做足了文章。各种网络化软件不断被推出,并可以通过网络获取服务。

软件平台可以把各用户所需的功能模块整合于一体,形成一个独立、开放、标准、可扩展性的软件平台。这样一方面可以降低软件开发难度,提高软件开发效率,另一方面对于提升用户的应用水平也是有益的。世界主要软件商,如微软、IBM、SAP 等大型软件公司,不断完善其平台产品,以占据更多的市场。微软公司从桌面开始构建 Windows 平台,正在逐步跨越服务器、嵌入式领域。目前,Windows 平台已发展为成功的软件平台之一。它通过桌面环境,吸引大量的独立软件开发商、开发人员、硬件供应商、系统集成商以 Windows 平台为基础,开发各类应用软件,为不同用户提供软件服务。互联网的广泛应用,使得软件正从产品转变成服务,软件产业也在向软件服务业发展。未来,软件服务将逐步成为市场竞争的核心。

另一个重要趋势是软件开源化。以 Linux 为代表的开源软件发展极为迅速,技术不断成熟,市场逐步扩大。开源软件产品已涉及操作系统、数据库、中间件以及各类应用软件等诸多领域,在应用中与各类商业软件融合。开源软件应用也正从网络边缘应用向核心商用迈进,充分显示开源软件正在逐步成熟,发展前景十分乐观。

(三)互联网技术:物联网化

互联网的应用开发也是一个持续的热点。一方面,电视机、手机、个人数字助理(PDA)等家用电器和个人信息设备都向网络终端设备的方向发展,形成了网络终端设备的多样性和个性化,打破了计算机上网一统天下的局面;另一方面,电子商务、电子政务、远程教育、电子媒体、网上娱乐技术日趋成熟,不断降低对使用者的专业知识要求和经济投入要求;互联网数据中心(IDC)等技术的提出和服务体系的形成,构成了互联网日益完善的社会化服务体系,使信息技术日益广泛地进入社会生产、生活各个领域,从而促进了网络经济的形成。

物联网技术发展是信息技术发展的新方向。"物联网技术"的核心和基础仍然是"互联网技术",是在互联网技术基础上的延伸和扩展的一种网络技术;其用户端延伸和扩展到了任何物品和物品之间,进行信息交换和通信。物联网技术的定义是:通过射频识别(RFID)、红外感应器、全球定位系统、激光扫描器等信息传感设备,按约定的协议,将任何物品与互联网相连接,进行信息交换和通信,以实现智能化识别、定位、追踪、监控和管理的一种网络技术。中国科学院早在 20 世纪末,就启动了传感网的研究,并已建立了一些实用的传感网。与其他国家相比,我国技术研发水平处于世界前列,具有同发优势和重大的影响力。在世界传感网领域,中国、德国、美国、韩国等国成为国际标准制定的主导国。

(四)光电子技术:集成化

光电子学是指光波波段,即红外线、可见光、紫外线和软 X 射线(频率范围为 $3 \times 10^{11} \sim 3 \times 10^{16}$ Hz 或波长范围为 1 mm～10 nm)波段的电子学。20 世纪 80 年代光电子技术相关技术相互交叉渗透,其技术和应用取得了飞速发展,在社会信息化中起着越来越重要的作用。

目前,光通信领域是光电子技术研究热点所在。因为光通信技术对全球化信息高速公路的建设以及国家经济、科技、文化的可持续发展意义重大。目前,国内外正掀起一波光子学和光子产业的热潮。在光电子技术领域,最主要的技术包括激光技术、光纤技术及光电探测器技术三大块。

激光器主要有半导体二极管激光器和固体激光器两大类。固体激光器的平均输出功率已从百瓦级提高到了千瓦级。半导体二极管激光器的功率也有很大提高,其结构和性能也正在经历重大变化。目前,一种具有新波长和带宽可调谐激光器正在成为新的器件模式,如对人眼无伤害的 1.54 μm 和 2 μm 的激光器、蓝光激光器和 X 光激光器。激光器向全固化、超短波长、微加工和高可靠性等方向发展。光纤作为光通信的传输媒介,对于人类通信技术更新起到非常大的作用。单根光纤传输的信息量已达到万亿位。到目前为止,光纤已经经历了由短波长(0.85 μm)到长波长(1.3～1.55 μm),由多模光纤到单模光纤以及特种光纤的发展过程,并开发出了色散移位光纤、非零色散光纤和色散补偿光纤。而另一个重要技术——光电探测器,如电荷耦合器件、光位置敏感器件、光敏阵列探测器等由于半导体技术的迅速发展,也受其牵引,快速发展。目前,光电探测器的发展方向重点是开发焦平面阵列为代表的光电成像器件。此外,随着制造技术的发展,正设计具有单一功能或多功能的光子集成回路(OEIC)和集成光路(IOC)。预计不久的将来,多功能集成光学器件和光电子集成器件将系列化,集成光学信号处理速度将达到1 GHz,这将是电子信息领域一个新的方向与应用点。

第二节　信息技术及应用领域

一、信息的获取

一切生物都要随时获取外部信息才能生存。人类主要通过眼、耳、鼻等来获取外界信息,并利用大脑对信息进行加工、分析和处理,而后做出反应。在信息技术高度发达的今天,人们可以借助各种信息技术手段来获取各种信息,将所获取的信息通过以计算机为核心的信息处理系统进行综合处理来提高获取信息的准确度和实现信息利用。

人们要获取的信息多种多样,在日常生活中最常见的是语音和图像信息的获取,医生要获取病人病情的信息,一个自动控制系统要获取被控制对象物理参数的信息,信息化战争要获取各类军事目标的信息。

(一)语音信息的获取

获取语音信息有多种方法,除了早期留声机采用直接记录声波引起的机械振动的方法之外,现在比较通用的方法将声音转换成电信号,这类可转换信号的转换器统称为拾音器。拾音器实际上是一种声音传感器,如固定电话和移动电话中的送话器、会场扩音系统中的麦克风等。按声波转换成电信号的不同机理,拾音器大致分为两类,一类采用压电晶体(或者压电陶瓷),另一类采用动感线圈。压电陶瓷的物理特性:当瓷片受压时,则产生电,可通过瓷片两边的金属膜将电信号引出;如果在瓷片两边加交流电压信号,瓷片就产生与交流电压信号频率相同的振动。因此压电陶瓷可以将声波压力变为电信号,又可以在电信号作用下发声。动感线圈的工作原理是线圈切割磁力线而产生电流。这两类拾音器的共同结构是都有一个"纸盆"以感知声波的振动。

(二)图像信息的获取

图像信息的获取应用十分广泛,如照相机、摄像机、视频会议、远程医疗、实时监控、机器人视觉、地球资源遥感等。要获取图像,首先要有摄像头。摄像头分为光电扫描摄像头和半导体电荷耦合器件(Charge Coupled Device,CCD)摄像头两大类。早期用光电摄像管,现在几乎全部采用CCD,区别在于摄像管中的感光器件。

1. 光电导摄像管的工作原理

光电导摄像管由感光靶面、光学镜头和电子束扫描控制(偏转线圈)系统等组成。外部景物通过光学镜头成像在由光-电转换材料制成的靶面上,光的强弱不同,感光靶面上相应感光点上的电压强度也不同。从左至右扫描一条线,称之为"行",扫描完整靶面一次为"场",这就是早期电视摄像头的工作原理。扫描的快慢根据应用要求不同而不同,在模拟电视系统中是每秒扫描50场,每场图像扫描625行;如果是资源卫星中的图像遥感,则扫描频率可能慢得多。

彩色图像是由红、绿、蓝三种颜色图像合成的,因而要有红、绿、蓝三个摄像头分别摄像才能合成出彩色图像。

2. CCD 半导体摄像工作原理

CCD 半导体的摄像头用 CCD 代替了光电摄像管的靶面,用 DSP(Digital Signal Processing,数字信号处理)控制芯片代替光电摄像管中的电子束扫描系统。一个 CCD 元件构成一个像素点,目前 CCD 已能制作到 1 450 万个像素点。DSP 芯片也比电子束扫描的控制精度高得多,且消耗功率很小。目前 CCD 几乎应用到了所有的图像传感器领域。

CCD 图像传感器的电荷耦合单元由电荷感应、控制和传递三个小单元构成,电荷的多少由光的强弱决定,各单元的电荷依次按行在控制单元的控制下传递出去,按行、场的规律排列就组成了一幅图像。

可以制造出对不同光线敏感的 CCD 器件作不同用途,如红外成像和微波遥感等。红外成像应用广泛,如医疗、温度检测、夜视仪、工业控制、森林防火等;微波遥感可用于资源卫星、探物、探矿等。

(三)物理参数信息的获取

自动控制中往往需测量被控制对象的物理参数,如位置、温度、压力、张力、变形、流量(液体或气体)、流速等,而这些都是通过传感器实现的。一般传感器都得将被测参数的变化转变成电参数的变化。设计与制造优质传感器的关键是材料。

(四)军事信息的获取

在信息技术高速发展的今天,战争形态已发展到了以使用信息化武器进行战争为主要特征的新阶段。信息化战争是信息获取、信息传递、信息处理和信息利用的综合信息技术能力及信息化武器的战争。只有获取了信息,才能耳聪目明;只有信息传递顺畅,才能指挥自如;只有及时、准确地处理和利用信息,才能运筹帷幄。

现代军事信息获取工具已发展成了一类复杂的信息获取平台,如预警飞机、侦察卫星、雷达网和无人侦察飞机,甚至空天飞机等。按运载装备平台的活动空域可分为地面观测、空中观测、海上观测和航天观测等;按信息获取使用的手段可分为雷达、电视、光学、照相、声呐、微波红外和激光等。军事信息获取已超越了时空和单一手段的局限,构成了一张从空中、地面、海上到水下的多层次、全方位、全天候、全频段、立体化的信息获取网络。电子信息技术是信息化战争和信息化武器的核心。

二、信息的传输

信息传输的另一个常用技术名词叫“通信”,它是电子信息技术中的一个重要领域。大学本科设有通信工程专业以培养从事信息传输理论与技术和设备的设计与制造的专业人才。顺便说明,“通讯”和“通信”是有区别的,“通讯”一般是指传送模拟语音,是在数字通信普及以前用来泛指电话系统的;在数字技术普及之后,由于语音、图像、文字等都变成了相同的二进制数码,从而可同时在通信系统中传送,因而"通讯"一词如果不是专指语音,就应该用"通信"这一名词来泛指信息传输。

(一)通信系统模型

如果将不同的实际通信系统抽象,则可用任意通信系统的模型。具体如下:

信源——消息的来源,即由它产生出消息,泛指语音、文字、数据和图像。

编码——将消息数字化变成以1、0为代码的二进制数码。

发送设备——将二进制数码变换成便于传送的电信号或者光信号向信道中传送。

信道——信号经过的通道,如大气空间、电线或海水等。

接收设备——完成与发送设备相反的变换,还原出与发送设备输入端相同的二进制代码。

接收者——可以是人,也可以是机器。

干扰源——表示信号在传输过程中可能引入的各种干扰,如设备的内部噪声和外来干扰等。

通信系统还原出的消息与信源发出的消息尽可能相同,但不是精度越高越好,这是因为:①任何仪器都具有一定的精度,只要求恢复的消息达到感知仪器的精度要求即可;②要提高传送消息的精度需付出设备成本代价。因此我们应根据通信系统的实际应用需求在传送消息的精度和设备成本代价之间折中选择。

通信设备多种多样,应用环境各不相同,要完成通信系统设备的设计制造,需要学习电路理论、数字电路与微波技术等,不过现在已很少用分离元件来制造电子系统,而是采用集成电路,因而电子系统的设计基本上等同于集成电路的设计,或者是选取功能符合整机系统要求的集成电路功能块。此外,现代通信系统都是硬件与软件的结合,甚至可以用计算机系统平台来实现原有通信系统的功能,因此除硬件技术外还应掌握软件技术。

(二)通信系统类型

通信系统类型的划分方法有很多种,如按信道类型来划分,可以将通信系统划分为有线通信与无线通信。固定电话、互联网、闭路电视属有线,移动电话、卫星通信、广播电视属无线;光纤传输属有线,大气激光通信属无线等。

无线通信可以在不同的频率下工作。中波广播的频率是535~1 605 kHz,广播电视工作的频率是49~863 MHz,移动通信工作的频率是450~2 300 MHz(在与电视有重叠的频率部分二者须错开,即已分配给电视的频段,移动通信就不能用);频率不同,无线通信设备的性能指标会不同,各个频段安排的用途也不同。

(三)通信系统理论技术

通信系统中的理论技术问题已研究了一个多世纪,已建立了较完善的通信系统理论体系,总括起来主要包括信源编码理论、信道编码理论、调制理论、噪声理论和信号检测理论等。由于理论是在工程实践基础上的知识系统化和认知升华,随着设备实现技术的进步,上述理论也一直在发展,今后还会进一步发展。

编码,是为了更好地表示信息和传送信息。信源编码可以降低数据率;信道编码可以减小差错率,即使在传输过程中出现了零星差错,信道编码也可以发现并纠正。最简单的可以发现错误的信道编码是传真机采用的"奇-偶校验码",通过加一位 0 或者 1 使信道中传送的每个码字 1 的个数总是偶数(原信号中 1 的个数如为奇数则将码字的最后 1 位置 1,如已为偶数则置 0)。如果发现接收到的某个码字中 1 的个数为奇数,则立即判断出这一码字传送中出错了,需要重传。

调制理论主要是研究提高传输效力的方法,相当于在不加宽马路宽度条件下增加车流量。马路的宽窄等效于通信系统的频带宽度,频带宽度的单位是赫兹(Hz),通信效力以每赫兹带宽可传送的数码个数来衡量。好的调制技术可以将通信效力提高数十倍,1 Hz 带宽可传送 10~20 bit。

信号检测理论研究如何从噪声中提取信号。有人打了个比方:"如果没有噪声,那么,月亮上一只蚊子叫地球上也能听到。"因为可以将信号无限放大。但通信系统中的实际情况是总是存在噪声,而且噪声总是同信号混合在一起无法分开,放大信号的同时噪声也被放大了。这时放大对突显信号毫无意义,只有当信号功率与噪声功率之比大到一定程度时接收机才能正确发现信号。信号检测理论是研究能在尽可能低的信噪比情况下发现信号。这在有的条件下对信息传输至关重要,例如宇宙通信,飞船在遥远的宇宙空间靠太阳能电池供电,不可能让发射信号功率太大,因而到达地球站的功率必然很微弱,使得地球站接收机输入端的信噪比必然很低,而好的信号检测技术可以降低对信噪比的要求。目前较好的信号检测,可以在输入信号功率是噪声功率的约 4.1 倍时正确接收信号。如信噪比低于这一数值,则需要采用信号处理方法来提高信噪比;而香农信息论计算出的信噪比最低极限值是 1.45,但实际工程中的设备无法达到这一极限值。

(四)通信网

当代通信一般都不是单点对单点,而是众多用户同时接入一个网络中,任何一个用户都可以与接入网络的另一个用户通信。如固定电话网、移动通信网和互联网等,同一时刻可能有几万、几十万用户在呼叫对方,武汉的用户甲如何找到北京的用户乙,固定电话网中的用户甲如何找到移动电话网中的用户乙,这涉及网络管理、路由和信息交换等技术,同时还涉及通信网的体制结构、信号结构和通信协议等。固定电话网中的语音数据速率、信号结构与移动通信网中的语音数据速率、信号结构不同,这时要实现跨网通信除要选择路由和进行数据交换之外,还必须进行信号格式和速率的变换。上述提到的技术原理在相关专业的教学计划中有专门课程介绍,有的课程是供学生选修的。

(五)互联网的拓展

现在互联网已成为全世界信息汇聚的平台,通过互联网不但可以了解当前世界正在发生的新闻,而且可以打电话(网络电话、视频电话)、看电视(IPTV)、发邮件(代替传真),同时还可以在网上购物、开视频会议等。网络已经成为人们工作、学习和娱乐的场所,也正成为越来越多人们生活的一部分。计算机和各种网络终端不但可以接入互联网,而且家用电器、交通工具和各种配有网络接入信号端口的物品都可以接入互联网,称为"物联网"(the internet of things),即"物物相连的互联网",这样就将网络的用户端延伸和扩展到了物品与物品之间。物品接入"物联网"的条件主要有要有相应信息的接收器、要有数据传输通路、要有一定的智能与信息存储功能、要能被网络唯一识别(即每一件接入网络的物品都应有一个唯一的识别码)等。物联网的发展将把社会信息化推向一个新的高度。

三、信息的处理

(一)信号处理与信息处理

信号通常是指代表消息的物理量,如电信号、光信号、磁信号等,它们是由消息经变换后得到的。在通信中通常采用的信号有两类,一类是模拟信号,另一类是数字信号。信号的每个参数都可以由消息转换而来,如果消息是无失真变换成信号,不论是模拟信号还是数字信号,这时消息中的信息就转移到了信号中,此时的信号序列已经含有信息,这一信号序列已成为信息的载体。除了人脑可以直接对信息进行加工处理之外,机器只能通过对载有信息的信号序列进行处理才能实现对信息的处理。

1. 信号处理

信号处理是针对信号中的某一参数所进行的处理,如编码、滤波、插值、去噪和变换等。在处理过程中系统并未考虑信号参数所代表的信息含义,因此信号处理的系统模型可表示为信号参数→信号参数,即输入的是信号参数,输出的仍然是信号参数,它无法感知信号参数所代表的信息内容和信号处理后的效果。例如,手机在传送语音时,首先获取的是模拟语音波形,而后将模拟波形变成数字信号,接着将数字信号每 20 ms 切割为一段,而后分析这20 ms 的语音波形参数,再接着将这一组波形参数再编码为新的数字信号。在上述这些处理过程中,系统机械地根据信号进行操作,从一组参数变成了另一组参数,丝毫未顾及信号中的信息,即使是在分割信号流时正好将语音的一个音节切成两半,它也照切不误,因而手机对语音所进行的上述处理属于信号处理。信号处理的目的和设计要求并非服从或者服务于信息本身。上述手机对语音所进行的处理就是服从于通信系统对语音数据速率的限制,因而它不惜损伤语音信息本身。

2. 信息处理

信息处理有两种模型,一种是信号—信息,另一种是信息—信息。信息处理往往通过对信号中代表信息的相应信号参数的处理来实现。信息处理与信号处理的区别主要是引入了对信号参数的理解。因而对信号参数的处理目的是服从于信息本身,如要求图像清晰度高、品质好等。信息处理主要包括信息参数提取、增强、信息分类与识别等。信息处理模块的设计与评价是以输出信息的指标作为依据的。

数字电视机属第一类信息处理,它输入信号,输出图像。在数字电视机中对信号进行的处理都是为了获得好的图像质量。语言翻译机属第二类信息处理,系统中对语音信号进行的处理,如编码、语音参数提取、语音识别、语义分析、语音合成等,都是以语音信息的质量指标为前提的。信息处理的输出是信息(即语音、文字和图像),信息处理系统中对信号进行处理的目的是获得所需要的信息参量指标,这和信号处理中的"信号—信号"模型是不同的。

(二)汉字识别

汉字识别分为印刷体汉字识别和手写体汉字识别。印刷体汉字识别已发展成熟,困难的是手写体汉字识别,因为各人的写字风格不同,行草程度不同。自 20 世纪 90 年代开始,我国"863 计划"组织了对手写体汉字识别的研究,并取得巨大进展。

手写体汉字识别又分为联机手写体汉字识别和脱机手写体汉字识别。所谓联机手写体汉字识别是利用与识别系统(专用计算机或者专用汉字识别器等)相连的专用输入设备(如写字板、光笔等)写入单个汉字,待机器识别该汉字后再输入下一个汉字。这一技术已较成熟,目前大部分手机都有该项功能。所谓脱机手写体汉字识别是将文件、单据上的手写体汉字以照片或者扫描的方式输入识别系统,由系统完成对汉字的识别。在脱机手写体汉字识别系统中又分为特定人和非特定人。非特定人手写体汉字识别是最困难的。然而经过持续多年研究,当前该项技术也已接近实用程度,系统的正确识别率可达 95% 以上,采用一般个人计算机识别速度可达每秒 2~5 个汉字。

(三)语音信息处理

语音信息处理包括语音识别与语音合成两方面。目前,语音信息处理技术研究已取得惊人进展,已有成熟的语音识别与语音合成芯片,不但在机器人中采用,而且已应用在智能玩具中,制造出了能听懂人说话和能说话的玩具,预计市场前景广阔。与此同时,语音研究的条件也越来越好,目前在个人电脑的最新操作系统中,有的操作系统嵌入了供研究人员通过 API 访问的语音平台,人们可以利用这一平台来研究语音信息,同时该平台还为计算机提供语音电话(Speech Server)和语音命令(Voice Command)等功能。

1. 语音识别

语音识别的第一步是将模拟语音波形数字化;第二步是从数字语音信号中提取语音参数,在这一步中要采用多种数字语音信号处理技术,如线性预测系数(LPC)分析、全极点数字滤波、离散傅里叶变换或反变换、求倒谱系数等,在学完了大学本科"高等数学"和"数字信号处理"两门课程后就可以理解上述名词的含义了;第三步是建立语音的声学模型和语音模型;第四步是根据语音参数搜索和匹配语音模型与声学模型,最后识别出语音。这其中还有很多技术细节需要考虑,由于汉语有很多同音字,因此需要利用语义分析、"联想"等人工智能策略来理解语音、语义。但技术发展的潜力是无限的,当前语音识别所达到的水平在几年前是想象不到的,今后还将进一步发展。

2. 语音合成

如果语音识别是将语音通过数字语音处理变为文本文件,那么可以说语音合成是语音识别的逆过程,是将文本文件转换成语音,这就不难理解语音合成的原理了。采用语音合成技术可以制造出能朗读书刊、报纸的机器及软件。

(四)图像信息处理及应用

语音信号是一维时间函数,而图像是二维的;语音信号的处理只是对数字序列进行运算,图像信号的处理是对一个平面的数据(矩阵)进行运算,而图像信号处理的运算量比语音要大得多。图像信息处理的内容很多,包括图像去噪、增强、变换、边沿提取及图像分割、图像识别和图像理解等。图像信息处理应用十分广泛,可以说无处不在,下面仅简要介绍几个主要应用领域,如视频通信、医疗、遥感、工业交通、机器人视觉、军事公安和虚拟现实等。

1. 视频通信

常见的数字视频通信设备,如可视电话、会议电视、远程教学、卫星电视、数字电视、高清晰度电视等,都离不开图像信息处理中的多项技术,如获取图像、压缩编码、调制传输、图像重建和显示等。

2. 医疗

图像处理在医学界的应用也非常广泛,无论是临床诊断还是病理研究都大量采用图像处理和图像分析技术,如 X 射线层析摄影(CT)、核磁共振(MRI)、超声成像、血管造影、细胞和染色体自动分类等;在癌细胞自动识别中,需要测定面积、形状、总光密度、胞核结构等定量特征。可以说,在现代医疗诊断中,获取、分析和处理人体某些组织的图像已成为不可缺少的手段。

3. 遥感

卫星遥感和航空测量的图像需要进行图像校正来消除受卫星或飞机的姿态、运动、时间和气候条件等的影响,同时需要通过分析和处理才能从遥感图像中获取资源普查、矿藏勘探、耕地保护、国土规划、灾害调查、农作物估产、气象预报以及军事目标监视的信息。遥感是获取上述信息最快捷、最经济的手段。

4. 工业交通

在生产线上对产品及部件进行无损检测是图像处理技术的另一个重要应用领域。该应用自 20 世纪 70 年代以来已得到了迅速的发展,推进了生产过程的自动化、信息化。在交通方面,利用车辆的动态视频或静态图像进行牌照号码、牌照颜色自动识别,从而实现交通运输信息化,方便监视车辆违章,实现不停车收费,同时还可用于汽车自动驾驶等。

5. 军事公安

军事目标的侦察、制导和警戒系统、自动灭火器的控制及反伪装等都需要用到图像处理技术;公安部门的现场照片、指纹、虹膜、面部、手迹、印章等的处理和辨识也要借助图像处理。

生物识别技术中以指纹识别的使用最为广泛。指纹识别已不只是使用光学探测,目前已经进步到使用电场和静电探测手指的真实性,能有效地防止伪造、冒用人体生物信息,鉴别非活体的手指。自动指纹识别系统作为一种比较理想的安全认证技术,在门禁控制、信息保密、远端认证等领域已得到广泛应用。指纹识别前,需对采集得到的指纹图像进行预处理,使指纹图像画面清晰、边缘明显,以增强指纹识别的正确性。

6.机器视觉

机器视觉作为智能机器人的重要感觉器官,主要进行三维景物理解和识别。机器视觉可用于军事侦察、危险环境的自主机器人,邮政、医院和家庭服务的智能机器人,装配线工件识别、定位,太空机器人的自动操作等。

7.虚拟现实

虚拟现实(VR)通过整合图像、声音、动画等,将三维的现实环境、物体等用二维或者三维的信号形式重构、合成和表现,给人以身临其境之感。虚拟现实的重要应用领域是军事演习、飞行员培训等。虚拟漫游技术是虚拟现实技术的重要分支。

四、信息的存储

信息存储在信息学科领域应划入计算机科学的范畴。下面介绍几种应用最广的信息存储器件:磁存储、光存储和半导体移动存储。

(一)磁存储

磁存储的主要设备是硬盘,它是计算机的外部设备。计算机将数据通过磁头变成磁信号刻录在硬盘磁体上,记录在硬盘上的数据可以擦洗后重写。硬盘的尺寸有多种规格,最小的硬盘直径只有 1.3 英寸,可以直接插在摄像机内作为数字图像的大容量存储器。

单个硬盘的容量在不断增加。目前计算机中的硬盘容量已可达 1 000 GB,硬盘尺寸不同,容量大小也不同。存取数据的速度决定了硬盘的转速,数据存取的速度越快,转速越高,因而高转速硬盘比低转速的硬盘好。一般硬盘的转速是 5 200 r/min 或者 7 400 r/min。

(二)光存储

光存储是计算机将数据通过激光头记录在 CD(Compact Disc,光盘)盘片上。有一次写入型 CD 盘片和多次擦写型 CD 盘片两种。不同盘片性能差别较大,目前较好的蓝光 DVD 盘片可保存数据 70 年,一张 DVD 盘片上可存入的数据量是 4.7~8.3 GB。随着信息技术的发展,要求信息存储技术向高密度、高数据传输速率和大容量方向发展。光存储在大信息容量存储方面相对于磁存储和半导体存储有突出优势,在高清影视节目、大容量文档永久保存、海量数据存储及今后的三维影视节目播放中占据着关键的地位。通过缩短激光波长和增大光学头的数值孔径,现在的蓝光光盘容量已经达到 25~27 GB,然而下一代光盘的容量可能达到 100 GB 以上。

(三)半导体移动存储器

半导体移动存储器也称为闪存(Flash Memory),闪存是可擦写存储器(EEPROM)的一种,配上不同的接口电路就得到了不同形式的产品。USB(Universal Serial Bus,通用串行总线)移动存储器是闪存配上 USB 接口。SD 卡的外形固定为 24 mm×32 mm×2.1

mm,和 USB 相比存取速度更快。此外还有记忆棒(Memory Stick)和 CF 卡(Compact Flash)等。

目前 USB 使用最广,其次是 SD 卡,它们已取代计算机的软盘,成为使用极广的一种移动存储器。记忆棒、CF 卡通常使用在其他一些电子设备中,如照相机等。

(四)21 世纪新一代存储器——纳米存储器、激光量子存储器

目前正在发展中的纳米存储器的存储单元尺寸在纳米级水平,因而采用纳米存储技术,将实现在相同几何单元内的信息存储容量提高 100 万倍。举一个形象的例子:一个大型图书馆中的所有资料,可以轻松地存放到一个不到 2 mm^2 的纳米存储器单元内。目前正在研究的纳米存储器有多种,它们有不同的名称,如分子存储器、全息存储器、纳米管 RAM、微设备存储、聚合体存储等,预计纳米存储器终将成为下一代存储器的新兴产业。

激光量子存储通过阻断和控制激光来操控晶体中的原子,可以高效率和高精准度地使激光量子特性被存储、操控和忆起。采用激光量子技术可进一步研制出超快速的量子计算机,同时该技术还可以使通信绝对安全,使破译、窃听成为不可能的事情。

五、信息的应用

在信息化社会的今天,可以说信息无处不在、无时不在,已渗透到社会生活的各个方面,大到政治、经济、军事、交通、传媒和金融,小到个人生活、娱乐和衣、食、住、行。从信息科学技术的角度考察,集中研究信息应用的科学领域是"自动化与控制科学"和"网络信息检索"等。

(一)自动控制系统中的信息应用

自动化与控制科学的研究重点是利用信息实施控制。一个控制系统必须获取信息、处理信息、传送信息和执行对被控制对象按预定目标进行某种操作,并获取操作后的系统行为信息。因此现代自动控制系统涵盖了信息科学的全部。自动控制系统可以是电的,也可以是纯机械的,但是一个复杂的控制系统,如自动化制造、自动化管理、自动化运行等往往都必须同计算机、通信相结合,因而它通常是一个复杂的电系统。

自动控制系统也可以是开环的,但性能比闭环获取信息系统差。闭环控制系统有一系列的理论问题要研究解决,如稳定性、系统响应速度和控制精度等。要研究解决这些问题又必须研究系统建模(数学模型),并寻求最优的控制方法,从而构成了当代控制科学与工程的科学理论体系。

(二)信息检索

信息检索是信息应用的另一形式,其含义是将信息按一定方式组织和存储起来,并根据用户的需要查找出所需要的信息内容。信息化社会即信息网络化社会,社会各方面的信息都汇聚到网络中,只有在网络具备良好信息检索功能的条件下,信息才能发挥作用,社会才能共享网络资源。信息检索不但是技术人员和科研人员学习、工作的工具,也是工、农、商、学、兵等各行各业人员从事业务活动之必需。学会如何在浩如烟海的互联网中找到有用的

信息资源至关重要,它能帮助个人、企业创造财富。信息检索技术的发展将对促进社会各个方面的进步产生越来越深远的影响。

信息检索包含两方面:一是信息的组织、结构和标识;二是检索系统。无论是何种内容的信息检索都要通过检索系统来进行,一个检索系统通常由检索文档、系统规则和检索设备(计算机、网络等)构成。网络信息资源是指网络上可以利用的信息资源的总和。网络信息资源的庞大、繁杂,使得人们对网络信息资源的类型有着不同的划分方式,了解划分方式将有利于信息查找。一般来说,人们习惯按照传输协议的不同将网络信息资源分为以下几类。

1. WWW 信息资源

WWW(万维网)资源检索工具是以 WWW 上的资源为主要的检索对象,又以 WWW 形式提供服务,是目前最受欢迎、最方便也是使用最多的服务方式。WWW 检索工具一般可分为目录型检索工具、搜索引擎检索工具及混合型检索工具。

(1)目录型检索工具。它是按照某种主题分类体系编制的一种可供检索的结构式目录,是一种基于人工建立的网站分类目录。目录按一定的主题分类组织,并辅之以年代、地区等分类,通过用户浏览分层目录来寻找符合要求的信息资源。目前此类检索工具的代表有雅虎、搜狐和新浪等门户网站。

(2)搜索引擎检索工具。它是指利用网络搜索技术对互联网上的信息资源进行标引,为检索者提供检索的工具。搜索引擎通过自动定期遍历万维网,搜集网页,并对其标引,建立索引数据库;用户在检索文本框中输入检索词或检索词表达式后,系统以特定的检索算法找出相关记录,并按照相关性或者时间对其进行排序,将结果反馈给用户,如谷歌、百度等。

(3)混合型检索工具。兼有检索型和目录型两种方式,既可以直接输入搜索词查找特定资源,又可以浏览目录了解某个领域范围的资源。实际上,现在大部分搜索引擎都同时提供了检索词检索和目录浏览两种检索。

2. 用户服务组信息资源

网络上各种各样的用户通信或服务组是互联网上最受欢迎的信息交流形式,包括新闻组(Usenet Newsgroup)、邮件列表(Mailing List)、电子公告牌(BBS)等。虽然名称各异,但实质都是由对特定主题有着共同兴趣的网络用户组成的论坛。

3. Gopher 信息资源

Gopher 是一种基于菜单的网络信息服务系统,它将互联网上的文件组织成某种索引,很方便地将用户从互联网的一处带到另一处。利用 Gopher 服务器,通过选择菜单项,在一级级菜单的指引下,进入子菜单或某一文件进行浏览,这些文件以树形的结构进行组织管理,用户可在这些文件树之间穿梭查找所需信息,可以跨越多个计算机系统。Gopher 协议使得互联网上的所有 Gopher 客户程序能够与互联网上的所有已"注册"的 Gopher 服务器进行对话。

4. Telnet 信息资源

Telnet 是指在远程登录协议 Telnet 支持下,用户通过登录远程计算机,使用远程计算机的各种软硬件资源,如打印机、多媒体输入输出设备、超级计算机等硬件资源,也包括大型计算机程序、大型数据库等软件资源。大学图书馆和社会上许多大中型图书馆一般都建有可以远程登录查询资源的系统,通过 Telnet 方式提供联机检索目录,可以与全世界许多信息中心、图书馆及其他信息资源联系。

5. FTP 信息资源

FTP(File Transfer Protocol,文件传输协议)是互联网使用的一种网络传输协议,其主要功能是实现文件从一个系统到另一个系统的完整拷贝,如文本文件、二进制可执行程序、科学论文、图像文件、声音文件等。可以说只要是以计算机方式存储的信息资源,都可以通过 FTP 协议的形式传递、检索。目前,网络上 FTP 服务器数量众多,用户可以通过 FTP 协议把自己的计算机与世界各地所有运行 FTP 协议的服务器相连,访问服务器上的资源信息。

6. WAIS 资源

WAIS(Wide Area Information Service,广域信息、查询系统)能检索众多数据库中的任意一个数据,而每个数据库就是一个资源。目前,互联网上有许多免费的 WAIS 资源,涉及政治、文学、计算机科学及一些自然科学领域或商业信息等。

第三节 电子信息技术的发展

一、电与电子管

人们很早就知道摩擦生电的自然现象,这最早可追溯到公元前。在 19 世纪 20 年代丹麦科学家奥斯特发现了电流的磁效应之后,法国科学家安培对电流和磁场之间的关系做了进一步的研究,发现了磁针转动方向和电流方向之间的关系。1831 年英国科学家法拉第发现了电和磁的相互感应现象,奠定了发电机的理论基础,这可以说是 19 世纪最重要的发明。有了发电机,有了电,才能有 19 世纪 60 年代前后的众多发明,如电灯、电报、电话及多种电动工具,才能在 20 世纪初产生电子技术。

电子技术是从电子管开始的。1883 年爱迪生在寻找白炽灯中的灯丝材料时,发现了受热灯丝的附近存在热电子。1885 年英国电气工程师弗莱明发现:如果在灯泡里装上碳丝(称阴极)和铜板(称阳极或者屏极),则灯泡里的电子可实现从阴极到阳极的单向流动。1904 年弗莱明制成了在灯泡中装有阴极和阳极的世界上第一只电真空二极管(简称“真空二极管”)。真空二极管可以对交流电进行整流,使交流电变成直流电,或者称之为检波,即控制电流朝一个方向流动。真空二极管的功能是有限的,还不足以对电子技术的发展产生重大影响,标志着跨入电子技术时代大门的发明是电真空三极管(简称“真空三极管”)。

为了提高真空二极管的性能,20 世纪初期,美国科学家李·德福雷斯特(Lee de Forest)在真空二极管内插入一个栅栏式的金属网,发现这个栅网能十分有效地控制二极管中由阴极向阳极流动的电子数量,只要在栅网上加一个十分微弱的电流,就可以在阳极上得到比栅极电流大得多的电流,而且阳极上的电流波形和栅极上的电流波形完全一致,这就是三极管对信号的放大作用。电真空三极管的发明使信息技术从此跨入了电子时代。此后的无线电、收音机、电视机的发明都是基于三极管对信号的放大原理才制造出来的。在半导体三极管发明之前,真空二极管、三极管及其改进产品在电子技术领域统治了 50 余年。

在真空电子管原理基础上,还发展出了众多其他的电真空器件,如电视机的显像管(Cathode Ray Tube,CRT),示波器用的阴极射线示波管、摄像机用的真空摄像管等。目前显像管、示波管正在被液晶等离子显示器所取代,摄像管已被 CCD 半导体器件所取代,但电真空器件在有些设备中仍有应用,如家用微波炉中的磁控管和某些大功率高频发射机中的大功率发射管等。

二、半导体器件

半导体晶体管的发明开创了电子科学技术的新时代。半导体是一种介于金属和非金属之间的材料,以锗和硅为代表。20 世纪 50 年代,美国贝尔实验室的科学家在研究锗和硅的物理性质时,意外发现在一定性质的锗晶体物理结构条件下,锗晶体对信号有放大作用,随后他们制造出了世界上第一只点接触型锗晶体三极管。晶体管体积小、耗电低,此后晶体管迅速取代电子管成为各类电子设备的主流器件。

三、纳米电子器件

纳米电子学和纳米器件将是微电子器件的下一次革命,纳米电子器件的功能将远远超出人们的预期,它将给人类信息科学技术的发展带来新的变革。随着固体器件尺寸变小,达到纳米($1 m = 10^{-9} nm$)级尺寸,其中受限电子会呈现量子力学波动效应,使器件出现用经典力学无法解释的特性,而众多特性可以供人们研究与制造新的电子器件,如纳米集成电路、纳米显示器等。

纳米电子学是电子学发展的趋势,众多科学家正大力开展研究工作并取得了很大进展。20 世纪末期,北京大学成立了纳米科学与技术研究中心,中心通过化学、物理电子、生物、微电子的多学科交叉,在超高密度信息存储材料、纳米器件的组装和自组装、纳米结构的加工、单壁碳纳米管的结构和电子学特性研究、近场光学显微技术、纳米尺度的生物研究,以及微电子机械加工技术方面都取得了可喜的成果,发现了 0.33 nm 级别的单壁碳纳米管,并根据该碳纳米管上侧垂直生长的形状,得出了纳米电子器件的 T 形模型。这种"T 形结"与纳米点、纳米线构成的"隧道结"一起,可能会替代微电子 PN 结(普通晶体管内的基本结构)成为电子学的基本结构。竖立起来的单壁碳纳米管本身有场致发光效用,因而可用于显示屏的开发、制备场发射器件和改进扫描探针。单壁碳纳米管很短时,出现的负电阻效用(负电阻等效于释放能量,这是微波振荡电路的物理基础)也引起了科学家们的兴趣。而碳原子结构的石墨烯被普遍认为会最终替代硅,成为纳米电子器件的理想材料。

第六章 信号与信息处理技术

第一节 信息处理技术

一、信息处理技术发展时期

人类很早就开始了信息的记录、存储和传输。在古代,信息存储的手段非常有限,有些部落通过口耳相授传递部落的信息,有些部落通过结绳记事存储信息。文字的创造、造纸术和印刷术的发明是信息处理的第一次巨大飞跃;电报、电话、电视及其他通信技术的发明和应用是信息传递手段的历史性变革,也是信息处理的第二次巨大飞跃;计算机的出现和普遍使用则是信息处理的第三次巨大飞跃。

(一)手工处理时期

手工处理时期是用人工方式来收集信息,用书写记录来存储信息,用经验和简单手工运算来处理信息,用携带存储介质来传递信息。信息人员从事简单而烦琐的重复性工作,信息不能及时有效地输送给使用者,许多十分重要的信息来不及处理。

(二)机械信息处理时期

随着科学技术的发展以及人们对信息处理手段的追求,逐步出现了机械式和电动式的处理工具,如算盘、出纳机、手摇计算机等,在一定程度上减轻了计算者的负担。后来又出现了一些较复杂的电动机械装置,可把数据在卡片上穿孔并进行成批处理和自动打印结果。同时,电报、电话的广泛应用,极大地改善了信息的传输手段。这次信息传递手段的革命,结束了人们单纯依靠烽火和驿站传递信息的历史,大大加快了信息传递的速度。虽然机械式处理比手工处理提高了效率,但没有本质的进步。

(三)计算机处理时期

随着计算机系统在处理能力、存储能力、打印能力和通信能力等方面的提高,特别是计算机软件技术的发展,使用计算机越来越方便,加上微电子技术的突破,使微型计算机日益商品化,从而为计算机在管理上的应用创造了极好的物质条件。

信息处理时期经历了单项处理、综合处理两个阶段,现在已发展到系统处理的阶段。这样,不仅各种事务的处理达到了自动化,大量人员从烦琐的事务性劳动中解放出来,提高了效率,节省了行政费用,而且由于计算机的高速运算能力,极大地提高了信息的价值,能够及时为管理活动中的预测和决策提供可靠的依据。与此同时,电子计算机和现代通信技术的有效结合,使得信息的处理速度、传递速度得到了惊人的提高,人类处理信息、利用信息的能力达到了空前的高度。今天,人类已经进入了所谓的信息社会。

二、现代信息技术的发展

到了近代,随着社会经济的发展,人与人之间的交往活动增加,促进了信息技术的飞速发展。信息是人类的一种宝贵资源,大量、有效地利用信息是社会发展水平的重要标志之一。随着社会的进步,我们要用更有效的手段来传递信息和处理信息,从而促使人类文明社会更快地向前发展。

19世纪30年代,美国画家萨缪尔·芬利·布里斯·摩尔斯(Samuel Finley Breese Morse)发明了电报和摩尔斯电码,电报的发明使信息的传递跨入了电子速度时代;摩尔斯电码是电信史上最早的编码,是电报发明史上的重大突破。1844年,第一条有线实验电报线路正式开通。19世纪后半叶,摩尔斯电报已经获得了广泛的应用。

电报有很大的局限性,它只能传达简单的信息,而且要译码,使用起来很不方便。从19世纪50年代起,就有一批科学家受电报的启发,开始了用电传送声音的研究。1876年,美国人贝尔和格雷各自发明了电话。1877年,爱迪生又获得了发明碳粒送话器的专利。

1925年,英国的贝尔德进行了世界上首次电视广播试验,虽然图像质量很差,明暗变化不明显,但证实了电视广播的可能性。时隔一年,贝尔德终于成功地发送了清晰、明暗变化显著的图像,揭开了电视广播的序幕。1936年,英国广播公司正式从伦敦播送电视节目。1941年,彩色电视机诞生。

1946年,世界上第一台计算机诞生。随着现代电子技术尤其是微电子技术的发展,计算机越来越普及,现在,计算机已经成为人们最主要的信息处理工具。

1957年10月4日,苏联成功发射了人类第一颗人造地球卫星"东方一号",从此卫星通信开始了。

随着计算机和通信技术的发展与互相渗透,计算机网络逐渐普及起来。20世纪80年代,全球性的计算机网络——Internet逐渐建立起来。Internet使信息的交流不再受时间和空间的限制。与此同时,各种通信网络日渐发达,它们与互联网连接在一起,为我们的生活带来了极大的便利,人类的信息交流进入了一个崭新的时代。

第二节 数字信号及其处理

一、模拟信号和数字信号

信号可用于表示任何信息,如符号、文字、语音、图像等,从表现形式上可归结为两类:模拟信号和数字信号。模拟信号与数字信号的区别可根据幅度取值是否离散来确定。数字信号指幅度的取值是离散的,即幅值被限制在有限个数值之内。二进制码就是一种数字信号,它受噪声的影响小,易于数字电路进行处理,所以得到了广泛的应用。

二、数字信号的特点

(一)抗干扰能力强、无噪声积累

在模拟通信中,为了提高信噪比,需要在信号传输过程中及时对衰减的传输信号进行放大,信号在传输过程中不可避免地叠加上的噪声也被同时放大。随着传输距离的增加,噪声累积越来越多,从而导致传输质量严重恶化。

对于数字通信,由于数字信号的幅值为有限个离散值(通常取 0 和 1 两个幅值),在传输过程中虽然也受到噪声的干扰,但当信噪比恶化到一定程度时,在适当的距离采用判决再生的方法,再生成没有噪声干扰的、和原发送端一样的数字信号,即可实现长距离、高质量的传输。

(二)便于加密处理

信息传输的安全性和保密性越来越重要,数字信号的加密处理比模拟信号容易得多。以语音信号为例,经过数字变换后的信号可用简单的数字逻辑运算进行加密、解密处理。

(三)便于存储、处理和交换

数字信号的形式和计算机所用信号一致,都是二进制代码,因此便于与计算机联网,也便于用计算机对数字信号进行存储、处理和交换,可使通信网的管理维护实现自动化、智能化。

(四)设备便于集成化、微型化

数字通信采用时分多路复用,不需要体积较大的滤波器。设备中大部分电路是数字电路,可用大规模或超大规模集成电路实现,因此体积小、功耗低。

三、模拟信号的数字化

在信息时代,对信息进行处理的核心设备是计算机,计算机只能识别由二进制 0、1 组成的数字信号,而现实生活中的信号大多是模拟信号,比如电压、电流、声音、图像等,这些信号只有转换成数字信号才能输入计算机进行处理。因此信息化的前提是实现模拟信号的数字化。把模拟信号转换为数字信号通常需要采样、量化和编码三个过程。

(一)采样

所谓采样就是每隔一定的时间间隔,抽取信号的一个瞬时幅度值,这就是在时间上将模拟信号离散化。模拟信号不仅在幅度取值上是连续的,而且在时间上也是连续的。要使模拟信号数字化,首先要对时间进行离散化处理,即在时间上用有限个采样点代替无限个连续的坐标位置,这一过程叫采样。采样后所得到的在时间上离散的样值称为采样序列。

(二)量化

采样把模拟信号变成了在时间上离散的采样序列,但每个样值的幅度仍然是一个连续的模拟量,因此还必须对其进行离散化处理,将其转换为有限个离散幅度值,最终才能用有限个量化电平来表示其幅值,这种对采样值进行离散化的过程叫作量化,其实质就是实现连续信号幅度离散化处理。

(三)编码

采样、量化后的信号变成了一串幅度分级的脉冲信号,这串脉冲的包络代表了模拟信号,它本身还不是数字信号,而是一种十进制信号,需要把它转换成数字编码脉冲,这一过程称为编码。最简单的编码方式是二进制编码。

四、数字信号处理系统

在实际生活中,遇到的信号大部分是模拟信号,如声音、图像等,为了利用数字系统来处理模拟信号,必须先将模拟信号转换成数字信号,在数字系统中进行处理后再转换成模拟信号。

(一)抗混叠滤波器

它的作用是滤除模拟信号中的高频杂波。为解决由高频杂波带来的频率混叠问题,在对模拟信号进行离散化前,需采用低通滤波器滤除高于 1/2 采样频率的频率成分。

(二)A/D 转换器

即模—数转换器,将模拟信号变成数字信号,便于数字设备和计算机处理。

(三)D/A 转换器

即数/模转换器,将数字信号转换为相应的模拟信号。

(四)平滑滤波器

作用是滤除 D/A 转换电路中产生的毛刺,使信号的波形变得更加平滑。

第三节　文本信息处理

一、文本分类的整体特征

文本自动分类是分析待定文本的特征,并与已知类别中文本所具有的共同特征进行比较,然后将待定文本划归为特征最接近的一类并赋予相应的分类号。

文本分类一般包括文本预处理、文本分类算法、分类结果的评价与反馈等过程。

(一)文本预处理

任何原始数据在计算机中都必须采用特定的数学模型来表示,目前存在众多的文本表示模型,如布尔模型、向量空间模型、聚类模型、基于知识的模型和概率模型等。其中向量空间模型具有较强的可计算性和可操作性,得到了广泛的应用。经典的向量空间模型是

Salton 等人于 20 世纪 60 年代末提出的,并成功应用于著名的 SMART 系统,已成为最简便、最高效的文本表示模型之一。

向量空间模型的最大优点在于它在知识表示方法上的优势。在该模型中,文本的内容被形式化为多维空间中的一个点,并以向量的形式来描述,文本分类、聚类等处理均可以方便地转化为对向量的处理、计算。也正是因为把文本以向量的形式定义到实数域中,才使得模式识别和数据挖掘等领域中的各种成熟的计算方法得以采用,大大提高了自然语言文本的可计算性和可操作性。因此,近年来,向量空间模型被广泛应用在文本挖掘的各个领域。

对于基于向量空间模型的文本预处理,主要由四个步骤来完成:中文分词、去除停用词、文本特征提取和文本表示。

1. 中文分词

中文分词是对中文文本进行分析的第一个步骤,是文本分析的基础。现在的中文分词技术主要有以下几种:基于字符串匹配的分词技术、基于理解的分词技术、基于统计的分词技术和基于多层隐马尔可夫模型的分词技术等。

2. 去除停用词

所谓停用词,是指汉语中常用到的"的""了""我们""怎样"等,这些词在文本中分布较广,出现频率较高,且大部分为虚词、助词、连词等,这些词对分类的效果影响不大。文本经中文分词之后,得到大量词语,而其中包含了一些频度高但不含语义的词语,比如助词,这时可以利用停用词表将其过滤,以便于文本分类的后续操作。

3. 文本特征提取

文本经过中文分词、去除停用词后得到的词语量特别大,由此构造的文本表示维数也非常大,并且不同的词语对文本分类的贡献也是不同的。因此,有必要进行特征项选择以及计算特征项的权重。

4. 文本表示

文本的表示主要采用向量空间模型。向量空间模型的基本思想是以向量来表示文本:$(W_1, W_2, W_3, \cdots, W_n)$,其中 W_i 为第 i 个特征项的权重,特征项一般可以选择字、词或词组。根据实验结果,普遍认为选取词作为特征项要优于字和词组。因此,要将文本表示为向量空间中的一个向量,就首先要将文本分词,由这些词作为向量的维数来表示文本。最初的向量表示完全是 0、1 的形式,即如果文本中出现了该词,那么文本向量的该维数为 1,否则为 0。这种方法无法体现这个词在文本中的作用程度,所以逐渐被更精确的词频代替。词频分为绝对词频和相对词频,绝对词频即使用词在文本中出现的频率表示文本,相对词频为归一化的词频,其计算方法主要运用关键词出现的次数(词频)-逆向文件频率(Term Frequency - Inverse Document Frequency,TF-IDF)公式。

(二)文本分类算法

训练算法和分类算法是分类系统的核心部分,目前存在多种基于向量空间模型的训练算法和分类算法,主要有最近 K 近邻算法、贝叶斯算法、最大平均熵算法法、类中心向量最近距离算法、支持向量机算法和神经网络算法等。

简单向量距离分类算法的核心是利用文本与本类中心向量间的相似度判断类的归属,而贝叶斯算法的基本思路是计算文本属于类别的概率。

K 邻居算法的基本思路是在给定新文本后,考虑在训练文本集中与该新文本距离最近(最相似)的 K 篇文本,根据这 K 篇文本所属的类别判定新文本所属的类别。

支持向量机和神经网络算法在文本分类系统中应用得较为广泛。支持向量机的基本思想是使用简单的线性分类器划分样本空间,对于在当前特征空间中线性不可分的模式,使用一个核函数把样本映射到一个高维空间中,使得样本能够线性可分。神经网络算法采用感知算法进行分类。在这种模型中,分类知识被隐式地存储在连接的权值上,使用迭代算法来确定权值向量。当网络输出判别正确时,权值向量保持不变,否则要进行增加或降低的调整,因此也称为奖惩法。

经过文本分类预处理后,训练文本合理向量化,奠定了分类模型的基础。向量化的训练文本与文本分类算法共同构造出了分类模型。在实际的文本分类过程中,主要依靠分类模型完成文本分类。

(三)分类结果的评价与反馈

文本分类系统的任务是在给定的分类体系下,根据文本的内容自动地确定文本关联的类别。从数学角度来看,文本分类是一个映射的过程,它将未标明类别的文本(待分类文本)映射到已有的类别中。文本分类的映射规则是系统根据已经掌握的每类若干样本的数据信息,总结出分类的规律性,从而建立判别公式和判别规则,然后在遇到新文本时,根据总结出的判别规则,确定文本相关的类别。

因为文本分类从根本上说是一个映射过程,所以评估文本分类系统的标准是映射的准确程度和映射的速度。映射的速度取决于映射规则的复杂程度,而评估映射准确程度的参照物是通过专家思考判断后对文本进行分类的结果(这里假设人工分类完全正确并且排除个人思维差异的因素),与人工分类结果越相近,分类的准确程度就越高。

二、文本信息处理的应用领域

人类历史上以语言文字形式记载和流传的知识占总量的 80% 以上,这些语言被称为自然语言,如汉语、英语、日语等。自然语言处理是指利用计算机对人类特有的书面和口头形式的自然语言的信息进行各种处理和加工的技术,是人工智能研究的重要内容之一,主要应用在以下几个研究领域。

(1)机器翻译(Machine Translation)。实现一种语言到另一种语言的自动翻译,常用于文献翻译、网页翻译和辅助浏览等,如著名的 Systran 系统(http://www.systransoft.com)。

(2)自动文摘(Automatic Summarization/Abstracting)。将原文档的主要内容或某方面的信息自动提取出来,并形成原文档的摘要或缩写,主要应用在电子图书管理、情报获取等方面。

（3）信息检索（Information Retrieval）。也称情报检索，即利用计算机系统从大量文档中找到符合用户需要的相关信息，如我们非常熟悉的两个搜索引擎网站 Google（http://www.google.com，）和百度（http://www.baidu.com）。

（4）文档分类（Document Categorization）。也叫文本自动分类（Automatic Text Categorization/Classification），即利用计算机系统对大量的文档按照一定的分类标准（如根据主题或内容划分等）实现自动归类，主要应用在图书管理、内容管理和信息监控等领域。

（5）信息过滤（Informationfiltering）。利用计算机系统自动识别和过滤那些满足特定条件的文档信息，主要应用于网络有害信息过滤、信息安全等。

（6）问答系统（Question Answering System）。通过计算机系统对人提出的问题，利用自动推理等手段，在有关知识资源中自动求解答案并做出相应的回答。问答技术有时与语音技术和多模态输入/输出技术，以及人机交互技术等相结合，构成人机对话系统（Man-computer Dialogue System）。主要应用在人机对话系统、信息检索等领域。

三、中文信息处理技术

中文信息处理可分为字处理平台、词处理平台和句处理平台这三个层次。字处理平台技术是中文信息处理的基础，经过近20年的研究，字处理平台技术已经达到了一个比较成熟的阶段。词处理平台技术是中文信息处理的中间环节，它是连接字平台和句平台的关键纽带，因此也是关键环节。句处理平台技术是中文信息处理的高级阶段，它的研究主要包括机器翻译、汉语的人机对话等，这方面的研究虽然已取得了一定的成果，但是目前还处于初级阶段。

字处理平台的研究与开发，包括汉字编码输入、汉字识别（手写体联机识别与印刷体脱机识别）、汉字系统及文书处理软件等。

词处理平台上最典型、最引人瞩目的是面向互联网的、文本不受限的中文检索技术，包括通用搜索引擎、文本自动过滤（如对网上不健康内容或对国家安全有危害内容的过滤）、文本自动分类（在数字图书馆中得到广泛应用）以及个性化服务软件等。目前影响比较大的中文通用搜索引擎有雅虎、新浪网等，但这些网站只采用了基于字的全文检索技术，或者仅做了简单的分词处理，性能还有待提高。国内研究机构做得比较好的是北京大学的天网，它用了中文分词和词性自动标注技术，但不足之处在于覆盖能力有限。

词处理平台上另一个重要应用是语音识别。单纯依赖语音信号处理手段来大幅度提高识别的准确率，已经很难再大有作为，必须要借助文本的后处理技术。现在最具代表性的产品是IBM公司的简体中文语音输入系统（Viavioce），微软中国研究院也有表现不俗且接近实用的系统。国内在做这方面工作的有清华大学计算机系和电子系、中国科学院声学所和自动化所等，但从技术走向市场还有一段距离。属于这个处理平台的其他应用还有文本自动校对、汉字简繁体自动转换等。

句处理平台上的重要应用主要有两方面：一方面是机器翻译，虽然目前机器翻译的质量还远远不能令人满意，但挂靠在互联网上，就找到了合适的舞台，无论对中国人了解世界（英译汉），还是外国人了解中国（汉译英），都大有裨益，潜在的市场十分可观。"金山快译"软件受到市场的欢迎,就是一个有说服力的旁证。此外,雅信诚公司推出的针对专业翻译人员的英汉双向翻译辅助工具 CAT,虽然没有采用全自动翻译的策略,但定位及思路都非常好,不失为另一个有前途的发展方向。另一方面的重要应用是汉语文语转换,即按照汉语的韵律规则,把文本文件转换成语音输出。汉语文语转换系统可用来构成盲人阅读机,让计算机为盲人服务;可用来构成文语校对系统,为报纸杂志的校对人员服务;还可广泛用于机场或车站的固定信息发布等。清华大学和中国科学技术大学都研发出了实用的汉语文语转换系统,达到了国际领先水平。

第四节　语音信号处理

一、语音信号处理的基础知识

(一)语音信号的特性

构成人类语音的是声音,这是一种特殊的声音,是由人讲话所发出的。语音由一连串的音组成,具有被称为声学特征的物理性质。语音中的各个音的排列由一些规则所控制,对这些规则及含义的研究属于语言学的范畴,而对语音中音的分类和研究则称为语音学。

语音是人的发音器官发出来的一种声波,它和其他各种声音一样,具有声音的物理属性,由音质(音色)、音调、音强及音量和声音的长短四种要素组成。

1. 音质

音质是一种声音区别于其他声音的基本特征。

2. 音调

音调即声音的高低。音调取决于声波的频率,频率快则音调高,频率慢则音调低。

3. 音强及音量

音强及音量也称响度,它是由声波振动幅度决定的。

4. 声音的长短

声音的长短也称音长,它取决于发音持续时间的长短。

从一方面看,语音信号最主要的特性是随时间而变化,是一个非平稳的随机过程。但是,从另一方面看,虽然语音信号具有时变特性,但在一个短时间范围内基本保持不变。这是因为人的肌肉运动有一个惯性,从一个状态到另一个状态的转变是不可能瞬间完成的,而是存在一个时间过程,在没有完成状态转变时,可近似认为它保持不变。只要时间足够短,这个假设是成立的。在一个较短的时间内语音信号的特征基本保持不变,这是语音信号处理的一个重要出发点,因而我们可以采用平稳过程的分析处理方法来处理语音。

(二)语音信号分析的主要方式

根据所分析的参数不同,语音信号分析又可分为时域、频域、倒频域等方法。时域分析具有简单、运算量小、物理意义明确等优点；但更为有效的分析多是围绕频域进行的，因为语音中最重要的感知特性反映在其功率谱中，而相位变化只起很小的作用。傅里叶分析在信号处理中具有十分重要的作用，它是分析线性系统和平稳信号稳态特性的强有力手段，在许多工程和科学领域得到了广泛的应用。这种以复指数函数为基函数的正交变换，理论上很完善，计算上很方便，概念上易于理解。傅里叶分析能使信号的某些特性变得很明显，而在原始信号中这些特性可能没有表现出来或表现得不明显。

然而，语音波是一个非平稳的过程，因此适用于周期、瞬变或平稳随机信号的标准傅里叶变换，不能用来直接表示语音信号。前面已提到，我们可以采用平稳过程的分析处理方法来处理语音。对语音处理来说，短时分析的方法是有效的解决途径。短时分析方法应用于傅里叶分析就是短时傅里叶变换，即有限长度的傅里叶变换，相应的频谱称为"短时谱"。语音信号的短时谱分析是以傅里叶变换为核心的，其特征是频谱包络与频谱微细结构以乘积的方式混合在一起，还是可用快速傅里叶变换（Fast Fourier Transformation，FFT）进行高速处理。

(三)语音信号处理系统的一般结构

语音信号处理系统首先需要信号的采集，然后才能进行语音信号的处理和分析。

根据采集信号的不同，语言信号可分为模拟信号和数字信号，其处理系统也可分为模拟处理系统和数字处理系统。如果加上模/数转换和数/模转换芯片，模拟处理系统可处理数字信号，数字处理系统也可处理模拟信号。由于数字信号处理和模拟信号处理相比具有许多不可比拟的优越性，大多数情况下都采用数字处理系统，其优越性具体表现在以下4个方面：①数字技术能够完成许多很复杂的信号处理工作。②通过语音进行交换的信息本质上具有离散的性质，因为语音可看作是音素的组合，这就特别适合于数字处理。③数字系统具有高可靠性、廉价、快速等优点，很容易完成实时处理任务。④数字语音适于在强干扰信道中传输，也易于进行加密传输。因此，数字语音信号处理是语音信息处理的主要方法。

二、语音信号处理的关键技术

语音信号处理是一门研究用数字信号处理技术和语音学知识对语音信号进行处理的新兴学科，同时又是综合多学科领域和涉及面很广的交叉学科，是目前发展最为迅速的信息科学研究领域的核心技术之一。下面重点介绍语音信号数字处理应用技术领域中的语音编码、语音合成、语音识别与语音理解技术。

(一)语音编码技术

在语音信号数字处理过程中，语音编码技术是至关重要的，直接影响到语音存储、语音合成、语音识别与理解。语音编码是模拟语音信号实现数字化的基本手段。语音信号是一种时变的准周期信号，而经过编码描述以后，语音信号可以作为数字数据来传输、存储或处理，因而具有一般数字信号的优点。语音编码主要有三种方式：波形编码、信源编码（又称声码器）和混合编码，这三种方式都涉及语音的压缩编码技术，通常把编码速率低于 64 kbit/s 的语音编码方式称为语音压缩编码技术。如何在尽量减少失真的情况下降低语音编码的位数已成为语音压缩编码技术的主要内容。换言之,在相同编码比特率下,如何取得更高质量的恢复语音是较高质量语音编码系统的要求。

(二)语音合成技术

语音合成技术就是所谓"会说话的机器"。它可分为三类:波形编码合成、参数式合成和规则合成。波形编码合成以语句、短语、词或音节为合成单元,合成单元的语音信号被录取后直接进行数字编码,经数据压缩组成一个合成语音库。重放时根据待输出的信息,在语音库中取出相应的合成单元的波形数据,将它们连接在一起,经解码还原成语音。参数式合成以音节或音素为合成单元。

(三)语音识别技术

语音识别又称语音自动识别(Automatic Speech Recognition,ASR),它基于模式匹配的思想,从语音流中抽取声学特征,然后在特征空间完成模式的比较匹配,寻找最接近的词(字)作为识别结果。多年来,语音识别技术经历了从特定人(Speaker Dependent,SD)中小词汇量的孤立词语和连接词语的语音识别到非特定人(Speaker Independent,SI)大词汇量的自然口语识别的发展历程。尽管如此,语音识别技术要走出实验室、全面融入人们的日常生活还需一些时间。当使用环境与训练环境有差异时,如在存在背景噪声、信道传输噪声或说话人语速和发音不标准等情况下,识别系统的性能往往会显著下降,无法满足实用的要求。环境噪声、方言和口音、口语识别已经成为目前语音识别中三个新难题。

1. 预处理

预处理部分包括语音信号的采样、抗混叠滤波、语音增强、去除声门激励和口唇辐射的影响以及噪声影响等,预处理最重要的步骤是端点检测和语音增强。

2. 特征提取

特征提取作用是从语音信号波形中提取一组或几组能够描述语音信号特征的参数,如平均能量、过零数、共振峰、倒谱和线性预测系数等,以便训练和识别。参数的选择直接关系着语音识别系统识别率的高低。

3. 训练

训练是建立模式库的必备过程,词表中每个词对应一个参考模式,由这个词重复发音多遍,再由特征提取或某种训练得到。

4. 模式匹配

模式匹配是整个系统的核心,其作用是按照一定的准则求取待测语言参数和语言信息与模式库中相应模板之间的失真测度,最匹配的就是识别结果。

让机器听懂人类的语言,是人类长期以来梦寐以求的事情。伴随计算机技术的发展,语音识别已成为信息产业领域的标志性技术,在人机交互应用中逐渐进入我们的日常生活,并迅速发展成为"改变未来人类生活方式"的关键技术之一。语音识别技术以语音信号为研究对象,是语音信号处理的一个重要研究方向,其终极目标是实现人与机器进行自然语言通信。

(四)语音理解技术

语音理解又称自然语音理解(Natural Language Understanding,NLU),其目的是实现人机智能化信息交换,构成通畅的人机语音通信。目前,语音理解技术开始使计算机丢掉了键盘和鼠标,人们对语音理解的研究重点正拓展到特定应用领域的自然语音理解上。一些基于口语识别、语音合成和机器翻译的专用性系统开始出现,如信息发布系统、语音应答系统、会议同声翻译系统和多语种口语互译系统等,正受到各方面越来越多的关注。这些系统可以按照人类的自然语音指令完成有关的任务,提供必要的信息服务,实现交互式语音反馈。

三、语音信号处理技术的发展趋势

语音信号处理技术是计算机智能接口与人机交互的重要手段之一。从目前和整个信息社会发展趋势看,语音技术有很多的应用。语音技术包括语音识别、说话人的鉴别和确认、语种的鉴别和确认、关键词检测和确认、语音合成、语音编码等,但其中最具有挑战性和应用前景的是语音识别技术。

(一)语音识别技术的发展趋势

首先,语音识别技术,近年来已经在安全加密、银行信息电话查询服务等方面得到了很好的应用,在公安机关破案和法庭取证方面也发挥了重要的作用。其次,语音识别技术,在一些领域中正成为一个关键的具有竞争力的技术。例如,在声控应用中,计算机可以识别输入的语音内容,并根据内容来执行相应的动作,这包括声控电话转换、声控语音拨号系统、声控智能玩具、信息网络查询、家庭服务、宾馆服务、旅行社服务系统、医疗服务、股票服务和工业控制等。在电话与通信系统中,智能语音接口正在把电话机从一个单纯的服务工具变为一个服务的“提供者”和生活“伙伴”。使用电话与通信网络,人们可以通过语音命令方便地从远端的数据库系统中查询与提取有关的信息。随着计算机的小型化,键盘已经成为移动平台的一个很大的障碍。想象一下,如果手机只有一个手表那么大,再用键盘进行拨号操作已经是不可能的,而借助语音命令就可以方便灵活地控制计算机的各种操作。再次,语音信号处理还可用于自动口语分析,如声控打字机等。

随着计算机和大规模集成电路技术的发展,这些复杂的语音识别系统已经完全可以制成专用芯片,进行大批量生产。在西方经济发达国家,大量的语音识别产品已经进入市场和服务领域。一些用户交互机、电话机、手机已经包含了语音识别拨号功能,还有语音记事本、语音智能玩具等产品也包含了语音识别与语音合成功能。人们可以通过电话网络,用语音识别口语对话系统查询有关的机票、旅游、银行等相关信息,并且取得很好的效果。

(二)语音合成技术的发展趋势

就语音合成而言,它已经在许多方面取得了实际的应用并发挥了很大的社会作用,例如公交汽车上的自动报站、各种场合的自动报时、自动报警、手机查询服务和各种文本校对中的语音提示等。在电信声讯服务的智能电话查询系统中，采用语音合成技术可以弥补以往通过电话进行静态查询的不足，满足海量数据和动态查询的需求，如股票、售后服务、车站查询等信息；也可用于基于微型机的办公、教学、娱乐等智能多媒体软件，例如语言学习、教学软件、语音玩具、语音书籍等；也可与语音识别技术和机器翻译技术结合，实现语音翻译；等等。

(三)语音编码技术的发展趋势

对于语音编码而言，语音压缩编码作为语音信号处理的一个分支，从目前的研究状况来看，它的未来发展主要表现在如下几个方面。

1.简化算法

在现有编码算法中，处理效果较好的很多，但都是以算法复杂、速度降低、性能降低为代价。在不降低现有算法性能的前提下，尽量简化算法、提高运算速度、增强算法的实用性，将是未来一段时间的研究课题。

2.成熟算法的硬件实现

随着大规模集成电路工艺的飞速发展，人们已经可以在单一硅片上方便地设计出含有几百万个晶体管的电路，乘、加操作的信息处理速度可达到几千万次/s，这是未来通信发展迫切需要的。

3.语音压缩技术

随着计算机技术的发展和硬件环境的不断改善，语音压缩技术将不单单运用现有的几种技术，而将不断开拓和运用新理论及新手段，如将神经网络引入语音压缩的矢量量化中，将子波交换理论应用到语音特征参数的提取(如基音提取等)中。由于神经网络理论和子波交换理论比较新，几乎是刚刚起步，它们的前景还比较难预料，但就其在语音压缩编码方面的应用而言，将有很大的潜力。

4.语音性能评价手段

随着各种算法的不断出现和完善，性能评价方法的研究日益显得落后。研究性能评价方法远比研究出一两种算法更为重要，所以，许多研究者致力于语音性能的评价方法的研究。目前这方面的研究成果没有大的突破，特别是 4 kbit/s 以下语音编码质量的客观评价还有待人们的不断努力。

5.语音的感知特性

为了建立较理想的语音模型且不损失语音中的信息，在研究中必须考虑人的听觉特性，诸如人耳的升沉、失真和掩蔽现象等。

总之，语音压缩编码的研究，在性能上将朝着高性能、低复杂度、实用化的方向发展，而理论上将朝着多元化、高层次化的方向发展。

第七章 信息安全事件监测与应急响应

第一节 信息安全事件概述

大数据时代,数据成为推动经济社会创新发展的关键生产要素,基于数据的开放与开发推动了跨组织、跨行业、跨地域的协助与创新,催生出各类全新的产业形态和商业模式,全面激活了人类的创造力和生产力。

然而,大数据在为组织创造价值的同时,也面临着严峻的安全风险。一方面,数据经济发展特性使得数据在不同主体间的流通和加工成为不可避免的趋势,由此也打破了数据安全管理边界,弱化了管理主体风险控制能力;另一方面,随着数据资源商业价值的凸显,针对数据的攻击、窃取、滥用、劫持等活动持续泛滥,并呈现出产业化、高科技化和跨国化等特性,对国家的数据生态治理水平和组织的数据安全管理能力提出全新挑战。在内外双重压力下,大数据安全重大事件频发,已经成为全社会关注的重大安全议题。

综合近年来国内外重大数据安全事件发现,大数据安全事件正在呈现以下特点:①风险成因复杂交织,既有外部攻击,也有内部泄露;既有技术漏洞,也有管理缺陷;既有新技术新模式触发的新风险,也有传统安全问题的持续触发。②威胁范围全域覆盖,大数据安全威胁渗透在数据生产、流通和消费等大数据产业链的各个环节,包括数据源的提供者、大数据加工平台提供者、大数据分析服务提供者等各类主体都是威胁源。③事件影响重大深远。数据云端化存储导致数据风险呈现集聚和极化效应,一旦发生数据泄露等其影响将超越技术范畴和组织边界,对经济和社会等领域产生影响,包括产生重大财产损失、威胁生命安全等。

随着数据经济时代的来临,全面提升网络空间数据资源的安全是国家经济社会发展的核心任务,如同环境生态的治理,数据生态治理面临一场艰巨的战役,这场战役的成败将决定新时期公民的权利、企业的利益、社会的信任,也将决定数据经济的发展乃至国家的命运和前途。为此,笔者建议重点从政府和企业两个维度入手,全面提升我国大数据安全。

从政府角度,报告建议持续提升数据保护立法水平,构筑网络空间信任基石;加强网络安全执法能力,开展网络黑产长效治理;加强重点领域安全治理,维护国家数据经济生态;规范发展数据流通市场,引导合法数据交易需求;科学开展跨境数据监管,切实保障国家数据主权。

从企业角度,报告建议网络运营者需要规范数据开发利用规则,明确数据权属关系,重点加强个人数据和重点数据的安全管理,针对采集、存储、传输、处理、交换和销毁等各个环节开展全生命周期的保护,从制度流程、人员能力、组织建设和技术工具等方面加强数据安全能力建设。

一、信息安全事件的概念

到目前为止对信息安全事件还没有一个相对一致的确切定义。在《信息安全事件管理》中没有明确给出计算机安全事件的定义,只是对安全事件做出了解释:一个信息安全事件由单个的或一系列的有害或意外信息安全事态组成,它们具有损害业务运作和威胁信息安全的极大的可能性。《信息安全管理体系要求》指出:信息安全事件是指识别出发生的系统、服务或网络事件表明可能违反信息安全策略或使防护措施失效或以前未知的与安全相关的情况。《计算机安全事件处理指南》认为信息安全事件可以看作是对计算机安全策略、使用策略或安全措施的实在威胁或潜在威胁。《信息技术、安全技术、信息安全事件管理指南》对信息安全事件的定义是:信息安全事件是由单个或一系列意外或有害的信息安全事态所组成的,极有可能危害业务运行和威胁信息安全。《信息技术、安全技术、信息安全事件分类分级指南》通过对现有信息安全事件的研究分析,对其特征进行归纳和总结,并参考其他标准,根据现有的一些定义总结出了信息安全事件的定义:由于自然或者人为以及软硬件本身缺陷或故障的原因,对信息系统造成危害,或在信息系统内发生对社会造成负面影响的事件。

二、信息安全事件的分类

在对信息安全事件的定级分类方面,《信息安全事件管理》明确提出应建立用于给事件"定级"的信息安全事件严重性衡量尺度,但没有给出具体的信息安全事件的分类,也没有给出如何确定信息安全事件的级别以及如何描述事件的级别,只是举例描述了信息安全事件及其原因,介绍了拒绝服务、信息收集和未经授权访问三种信息安全事件,在附录给出了信息安全事件的负面后果评估和分类的要点指南示例。《计算机安全事件处理指南》针对安全事件处理,特别是对安全事件相关数据的分析以及确定采用哪种方式来响应提供了指南。该指南介绍了安全事件的分类,但明确说明所列出的安全事件分类不是包罗一切的,也不打算对安全事件进行明确的分类。

《信息安全事件分类分级指南》规定了信息安全事件的分类分级规范,用于信息安全事件的防范与处置,为事前准备、事中应对、事后处理提供一个基础指南,可供信息系统的运营和使用组织参考使用。在考虑了信息安全事件发生的原因、表现形式等用以体现事件分类的可操作性后,该指南将信息安全事件分为7个基本类别:有害程序事件、网络攻击事件、信息破坏事件、信息内容安全事件、设备设施故障、灾害性事件和其他信息安全事件等。每个基本分类分别包括若干个第二层分类以便更清晰地对信息安全事件的类别进行说明,突出事件分类的科学性,例如,有害程序事件包括计算机病毒事件、蠕虫事件、木马事件、僵尸网络事件、混合攻击程序事件、网页内嵌恶意代码事件和其他有害程序事件等7个第二层分类。

为使用户可以根据不同的级别,制定并在需要时启动相应的事件处理流程,《信息安全事件分类分级指南》将信息安全事件划分为四级：特别重大事件（Ⅰ级）、重大事件（Ⅱ级）、较大事件（Ⅲ级）和一般事件（Ⅳ级），并给出了级别划分的主要参考要素：信息系统的重要程度、系统损失和社会影响。在对信息系统的重要程度进行分级描述时，没有对特别重要信息系统、重要信息系统和一般信息系统做出解释。鉴于我国的信息系统安全等级保护制度已经在这方面做出了规定，为与等级保护制度相对应，特别重要信息系统对应于等级保护中的4级和5级系统，重要信息系统对应于3级系统，一般信息系统对应于1级和2级系统。

通过对信息安全事件的定级和分类，可以准确判断安全事件的严重程度，有利于迅速采取适当的管理措施来降低事件影响，提高通报和应急处理的效率和效果，同时也有利于对安全事件的统计分析和数据的共享交流。

三、信息安全事件的特点

1. 安全漏洞是各种安全威胁的主要根源

目前，安全漏洞的数量越来越多，零日攻击现象增多，如利用微软 Word 漏洞进行木马攻击等。

2. 拒绝服务攻击发生频繁

攻击者的攻击目标明确，针对不同网站和用户采用不同的攻击手段，且攻击行为趋利化特点表现明显。对政府类和安全管理相关类网站主要采用篡改网页的攻击形式；对中小企业采用有组织的分布式拒绝服务攻击等手段进行勒索；对于个人用户，利用网络钓鱼和网址嫁接等对金融机构、网上交易等站点进行网络仿冒，在线盗用用户身份和密码等，窃取用户的私有财产。

3. 入侵者难以追踪

有经验的入侵者往往不直接攻击目标，而是利用所掌握的分散在不同网络运营商、不同国家或地区的跳板机发起攻击，使得对真正入侵者的追踪变得十分困难，需要大范围的多方协同配合。

4. 联合攻击成为新的手段

网络蠕虫逐渐发展成为传统病毒、蠕虫和黑客攻击技术的结合体，不仅具有隐蔽性、传染性和破坏性，还具有不依赖于人为操作的自主攻击能力，并在被入侵的主机上安装后门程序。网络蠕虫造成的危害之所以引人关注，是因为新一代网络蠕虫的攻击能力更强，并且和黑客攻击、计算机病毒之间的界限越来越模糊，带来更为严重的多方面的危害。

5. 信息内容安全事件日渐增多

由于公共网络的开放性，网络已成为人们进行思想交流、表达观点、发表看法的重要平台。因此，一些危害国家安全、妨害社会管理、损害公共利益、影响合法权益等违反国家法律法规的违法有害信息时有出现；网上违法犯罪活动仍然十分猖獗；网络传销、网络欺诈等有害信息使群众的切身利益受到严重侵害；贩卖违禁物品、传授违法技术、教唆违法活动的信息对公共安全构成极大威胁。

四、近年来的信息安全事件盘点

(一)多地高校数万学生隐私遭泄漏

2020 年 4 月,河南、西安、重庆等高校的数千名学生发现,自己的个人所得税 APP 上有陌生公司的就职记录。税务人员称,很可能是学生信息被企业冒用,以达到偷税的目的。郑州某学院多名学生反映,学校近两万名学生个人信息被泄露,以表格的形式在微信、QQ 等社交平台上流传。

(二)全球范围遭受勒索软件攻击

2017 年 5 月 12 日,全球爆发针对 Windows 操作系统的勒索软件感染事件。该勒索软件利用此前美国国家安全局网络武器库泄露的 WindowsSMB 服务漏洞进行攻击,受攻击文件被加密,用户需支付比特币才能取回文件,否则赎金翻倍或是文件被彻底删除。全球 100 多个国家数十万用户中招,企业、学校、医疗、电力、能源、银行、交通等多个行业均遭受不同程度的影响。

针对安全漏洞的发掘和利用已经形成了大规模的全球性黑色产业链。美国政府网络武器库的泄漏更是加剧了黑客利用众多未知零日漏洞发起攻击的威胁。2017 年 3 月,微软发布此次黑客攻击所利用的漏洞的修复补丁,但全球有太多用户没有及时修复更新,再加上众多教育系统、医院等还在使用微软早已停止安全更新的 Windows XP 系统,网络安全意识的缺乏击溃了网络安全的第一道防线。

(三)京东内部员工涉嫌窃取 50 亿条用户数据

2017 年 3 月,京东与腾讯的安全团队联手协助公安部破获的一起特大窃取贩卖公民个人信息案,其主要犯罪嫌疑人乃京东内部员工。该员工 2016 年 6 月底才入职,尚处于试用期,即盗取涉及交通、物流、医疗、社交、银行等个人信息 50 亿条,通过各种方式在网络黑市贩卖。

为防止数据盗窃,企业每年花费巨额资金保护信息系统不受黑客攻击,然而因内部人员盗窃数据而导致损失的风险也不容小觑。地下数据交易的暴利以及企业内部管理的失序诱使企业内部人员铤而走险、监守自盗,盗取贩卖用户数据的案例屡见不鲜。管理咨询公司埃森哲等研究机构发布的一项调查研究结果显示,其调查的 208 家企业中,69% 的企业曾在过去一年内"遭公司内部人员窃取数据或试图盗取"。未采取有效的数据访问权限管理,身份认证管理、数据利用控制等措施是大多数企业数据内部人员数据盗窃的主要原因。

(四)雅虎遭黑客攻击 10 亿级用户账户信息泄露

2016 年 9 月 22 日,全球互联网巨头雅虎证实至少 5 亿用户账户信息在 2014 年遭人窃取,内容涉及用户姓名、电子邮箱、电话号码、出生日期和部分登录密码。2016 年 12 月 14 日,雅虎再次发布声明,宣布在 2013 年 8 月,未经授权的第三方盗取了超过 10 亿用户的账户信息。2013 年和 2014 年这两起黑客袭击事件有着相似之处,即黑客攻破了雅虎用户账户保密算法,窃得用户密码。2017 年 3 月,美国检方以参与雅虎用户受到影响的网络攻击活动为由,对俄罗斯情报官员提起刑事诉讼。

雅虎信息泄露事件是有史以来规模最大的单一网站数据泄漏事件,当前,重要商业网站的海量用户数据是企业的核心资产,也是民间黑客甚至国家级攻击的重要对象,重点企业数据安全管理面临更高的要求,必须建立严格的安全能力体系,不仅需要确保对用户数据进行加密处理,对数据的访问权限进行精准控制,并为网络破坏事件、应急响应建立弹性设计方案,与监管部门建立应急沟通机制。

(五)顺丰内部人员泄漏用户数据

2016 年 8 月 26 日,顺丰速递湖南分公司宋某被控"侵犯公民个人信息罪"在深圳南山区人民法院受审。此前,顺丰作为快递行业领头羊,出现过多次内部人员泄漏客户信息事件,作案手法包括:将个人掌握的公司网站账号及密码出售他人;编写恶意程序批量下载客户信息;利用多个账号大批量查询客户信息;通过购买内部办公系统地址、账号及密码,侵入系统盗取信息;研发人员从数据库直接导出客户信息;等等。

顺丰发生的系列数据泄漏事件暴露出针对内部人员数据安全管理的缺陷。由于数据黑产的发展,内外勾结盗窃用户数据牟取暴利的行为正在迅速蔓延。虽然顺丰的 IT 系统具备事件发生后的追查能力,但是无法对员工批量下载数据的异常行为发出警告和风险预防,针对内部人员数据访问需要设置严格的数据管控,并对数据进行脱敏处理,才能有效确保企业数据的安全。

(六)希拉里"邮件门"事件

希拉里"邮件门"是指民主党总统竞选人希拉里·克林顿任职美国国务卿期间,在没有事先通知国务院相关部门的情况下使用私人邮箱和服务器处理公务,并且希拉里处理的未加密邮件中有上千封包含国家机密。同时,希拉里没有在离任前上交所有涉及公务的邮件记录,违反了国务院关于联邦信息记录保存的相关规定。2016 年 7 月 22 日,在美国司法部宣布不指控希拉里之后,维基解密开始对外公布黑客攻破希拉里及其亲信的邮箱系统后获得的邮件,最终导致美国联邦调查局重启调查,希拉里总统竞选支持率暴跌。

作为政府要员,希拉里缺乏必要的数据安全意识,在担任美国国务卿期间私自架设服务器处理公务邮件违反联邦信息安全管理要求,触犯了美国国务院有关"使用私人邮箱收发或者存储机密信息为违法行为"的规定。私自架设的邮件服务器缺乏必要的安全保护,无法应对高水平黑客的攻击,造成重要数据遭遇泄露并被国内外政治对手充分利用。

(七)法国数据保护机构警告微软 Windows 10 过度搜集用户数据

2016 年 7 月,法国数据保护监管机构(CNIL)向微软发出警告函,指责微软利用 Windows10 系统搜集了过多的用户数据,并且在未获得用户同意的情况下跟踪了用户的浏览行为。同时,微软并没有采取令人满意的措施来保证用户数据的安全性和保密性,没有遵守欧盟"安全港"法规,因为它在未经用户允许的情况下就将用户数据保存到了用户所在国家之外的服务器上,并且在未经用户允许的情况下默认开启了很多数据追踪功能。CNIL 限定微软必须在 3 个月内解决这些问题,否则将面临委员会的制裁。

大数据时代,各类企业都在充分挖掘用户数据价值,不可避免地导致用户数据被过度采集和开发。随着全球个人数据保护日趋严苛,企业在收集数据中必须加强法律遵从和合规管理,尤其要注重用户隐私保护,获取用户个人数据需满足"知情同意""数据安全性"等原则,以保证组织业务的发展不会面临数据安全合规的风险。例如欧盟 2018 年实施的《一般数据保护条例》就规定企业违反该条例的最高处罚额将达全球营收的 4%,全面提升了企业数据保护的合规风险。

(八)黑客攻击 SWIFT 系统盗窃孟加拉国央行 8 100 万美元

2016 年 2 月 5 日,孟加拉国央行被黑客攻击导致 8 100 万美元被窃取,攻击者通过网络攻击或者其他方式获得了孟加拉国央行 SWIFT 系统的操作权限,攻击者进一步向纽约联邦储备银行发送虚假的 SWIFT 转账指令。纽约联邦储备银行总共收到 35 笔,总价值 9.51 亿美元的转账要求,其中 8 100 万美元被成功转走盗取,成为迄今为止规模最大的网络金融盗窃案。

SWIFT 是全球重要的金融支付结算系统,并以安全、可靠、高效著称。黑客成功攻击该系统,表明网络犯罪技术水平正在不断提高,客观上要求金融机构等关键性基础设施的网络安全和数据保护能力持续提升,金融系统网络安全防护必须加强政府和企业的协同联动,并开展必要的国际合作。2017 年 3 月 1 日生效的美国纽约州新金融条例,要求所有金融服务机构部署网络安全计划,任命首席信息安全官,并监控商业伙伴的网络安全政策。美国纽约州的金融监管要求为全球金融业网络安全监管树立了标杆,我国的金融机构也需进一步明确自身应当履行的网络安全责任和义务,在组织架构、安全管理、安全技术等多个方面落实网络安全责任。

(九)海康威视安防监控设备存在漏洞被境外 IP 控制

2015 年 2 月 27 日,江苏省公安厅特急通知称:江苏省各级公安机关使用的海康威视监控设备存在严安全隐患,其中部分设备被境外 IP 地址控制。海康威视于 2 月 27 日连夜发表声明称:江苏省互联网应急中心通过网络流量监控,发现部分海康威视设备因弱口令问题(包括使用产品初始密码和其他简单密码)被黑客攻击,导致视频数据泄露等。

以视频监控等为代表的物联网设备正成为新的网络攻击目标。物联网设备广泛存在弱口令,未修复已知漏洞、产品安全加固不足等风险,设备接入互联网后应对网络攻击能力十分薄弱,为黑客远程获取控制权限、监控实时数据并实施各类攻击提供了便利。

第二节　信息安全事件监测与响应平台的建立

网络安全威胁是客观存在的,但其风险是可以控制乃至规避的。信息安全事件的处理应坚持"积极防御、综合防范"的方针,既要采取有效措施保障信息系统的系统安全和数据安全,又要保证信息系统中信息内容的安全。虽然绝大多数信息系统都采取了一些网络安全产品如防火墙、入侵检测系统和防病毒软件,在一定程度上保障了信息网络的安全,但从整体与管理的角度去考虑信息系统安全问题,建立一个信息网络安全事件监测及应急响应系统,培养一支具有安全事件应急处理技术能力的人员队伍,对进一步加强网络安全监管和维护网络安全秩序具有非常重要的意义,这是十分必要的。

信息网络安全事件监测及应急处置系统主要有三大功能模块:监测采集模块、监测分析模块、应急响应模块。前端监测采集模块由一系列前端监测设备组成,对应于不同类别的信息安全事件有不同的监测设备,它们是监测与响应平台最基础的设备。这些监测设备对需要监测的信息系统或网络关键节点进行远程监测,发现并收集网络攻击、垃圾邮件、违法信息、病毒等多种危害信息系统安全的数据,传送到监测分析模块供管理人员分析判断。

安全管理人员通过监测分析模块中的管理接口对信息系统中的前端监测设备进行统一的控制和调度,根据前端设备对信息系统或网络关键节点进行不间断观测获取的数据与知识库进行比较,充分参考专家提供的知识和经验进行推理和判断,对网络中发生的异常情况或已经发生的网络安全事件及时迅速地向信息系统管理单位发出警报或提出应对策略和措施,以利于这些单位能及时地进行响应和处置,这种及时性对信息安全来说是非常重要的。与此同时,向应急响应模块传送有关情况以便采取进一步的措施。监测分析模块主要由以下几部分组成:①知识库,用于存储信息安全的专门知识,包括事实、可行操作与规则等。②综合数据库,用于存储信息安全领域或信息安全习题的初始数据和推理过程中得到的中间数据。如网站备案库、用户地址库、法律法规条款库等。③推理机,用于记忆所采用的规则和控制策略的程序,根据知识进行推理和导出论坛。④解释器,向用户解释专家系统的行为,包括解释推理结论的正确性以及系统输出其他候选解的原因。⑤接口,使系统和用户进行对话,用户能够输入必要的数据、提出问题和了解推理过程及推理结果等,系统则通过接口回答用户提出的问题并进行必要的解释。

应急响应模块将专家系统发出的警报或提出的应对策略与相关单位如应急响应组织、执法部门、通信部门、软件供应商、新闻媒体等进行共享,再由这些部门提出相应的措施并反馈给相关信息系统的管理单位,对这些单位提出具体要求,共同做好数据恢复、事件追踪、事件通报、宣传教育等应急响应工作,以实现信息安全事件响应的多部门联动。

这里主要研究以下几个系统:①基于主机的入侵检测系统。基于主机的入侵检测报警系统采用基于服务器状态检测和日志分析技术,采集、比对、分析和判别各种可疑入侵行为并记录和自动报警。主要完成了文件访问监测、注册表监测、进程监测、系统资源监测和端口开放监测功能,并用层次化多元素融合入侵检测技术实现了对主机的入侵监测。②网关级的违法信息过滤系统。网关级的违法信息过滤及报警系统,重点实现对上网服务场所等前端违法信息的监测和过滤。③监测与应急响应中心平台。包括监测分析系统和应急响应系统两大模块,主要负责对前端收集的数据进行分析,提出解决方案并同时分发到前端信息系统和与信息安全事件有关的部门。

一、基于主机的入侵检测系统

网络入侵监测系统与应急响应中心平台之间采用 C/S 架构,由安装在监测与应急响应中心平台的主控端和部署在各被保护主机上的网络入侵监测设备构成整个系统,如图 7-1 所示。

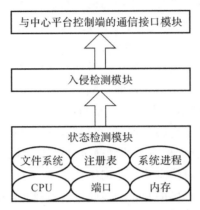

图 7-1　入侵监测系统(前端)模块结构示意图

　　网络入侵监测系统在功能实现上由三个子模块组成,分别是状态监测模块、入侵检测模块和通信接口模块,如图 7-1 所示。系统的最底层是状态监测模块,负责监测系统的各项安全要素。该模块将网络入侵、网络攻击、病毒感染、木马活动等发生变化的这些安全要素捕获并记录进日志后提交给入侵检测模块。状态监测模块监测的安全要素包括:①文件操作;②注册表操作;③进程的状态;④网络连接和端口状态;⑤CPU 状态;⑥系统内存状态。

　　系统的第二层是入侵检测模块,它在接收到底层监测模块传来的数据后采用一定的算法将它们与特定的知识库比较,从而检测出影响系统安全的行为。在检测出特定事件后,该模块会将此事件传送到通信接口模块。

　　通信接口模块是一个功能相对独立的模块,它是 Agent 端与控制端发生通信的途径和通道。该模块一方面接收从控制端传来的配置信息或查询命令,另一方面还会主动依据所配置的策略向监测与应急响应中心平台报告消息、事件和处置结果。

　　为简单起见,下面只列举对文件、注册表和进程进行监测的分析。

(一)Windows 文件系统监测

　　对 Windows 文件系统的监测可以采用虚拟设备挂接方式,即编写一个自定义的虚设备驱动,插入图 7-2 中虚线框表示的位置,用来监测所有的文件操作。

　　首先调用 Ob Reference Object By Handle 函数取得文件系统的句柄,再通过调用 Io Get Related Device Object 函数从文件系统的句柄中得到相关的磁盘驱动设备的句柄,通过 Io Create Device 创建自己的虚拟设备对象,然后调用 Io Get Device Object Pointer 来得到磁盘驱动设备对象的指针,最后通过 Io Attach Device By Pointer 将自己的设备放到设备堆栈上成为一个过滤器。这样,被监视的磁盘驱动设备的每个操作请求(IRP)都会先发往这个虚拟设备,再由虚拟设备发往真实的磁盘驱动设备,操作完成后的返回值也会被发往虚拟设备。通过这个"自定义驱动"就可以对文件的操作请求可以进行监测,因而可以得到所有的文件操作信息。

内核态的"自定义驱动"与用户态的监测程序之间的通信采取原始的 Device Io Control 被动通信方式,即由 ring3 层的用户程序周期性地发出 Device Io Control 控制驱动,来与内核驱动进行单向通信,请求返回截获的数据。综合考虑文件系统的吞吐量和系统效率,在 P4-2.4GB CPU,512 MB 内存的实验电脑中采用 500 ms 周期,效果较好。

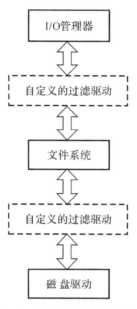

图 7-2　虚设备驱动的插入位置

(二)Windows 注册表监测技术

在对注册表操作进行拦截使用拦截时系统调用的方式。在用户态的应用程序在注册表中创建一个新项目的时候,就会调用 Advapi32.dll 中的 Reg Create Key 函数,Reg Create Key 函数检查传进来的参数是否有效并将它们都转换成 Unicode 码,接着调用 Ntdll.dll 中的 Nt Create Key 函数。Nt Create Key 函数最后触发 INT 2E 中断指令,从用户态进入内核态。进入内核态后,系统调用 Ki System Service 函数在中断描述表(IDT)中查找相应的系统服务指针,这个指针指向函数 Zw Create Key,然后调用这个服务函数。

在系统内核中,有两张系统服务调度表,分别是 Ke Service Descriptor Table 和 Ke Service Descriptor Table Shadow。要实现对注册表操作的监测,就需要将系统服务调度表中的一个 Native API 地址进行替换,使它指向自定义的监测函数。

(三)Windows 进程监测技术

在 Windows NT 中,创建进程列表使用 PSAPI 函数,这些函数在 PSAPL.DLL 中,通过调用这些函数可以很方便地取得系统进程的所有信息,例如进程名、进程 ID、父进程 ID、进程优先级、映射到进程空间的模块列表等。

1. Enum Processes

该函数是获取进程列表信息的最核心的一个函数,该函数的声明如下:

BOOL Enum Processes(DWORD * Ipid Process,DWORD cb,DWORD * cb Needed)

Enum Processes 函数带 3 个参数,DWORD 类型的进程 ID 数组指针 IP ID Process>进程 ID 数组的大小 cb、返回数组所用的内存大小 cb Needed。在 Ipid Process 数组中保存着系统中每一个进程的 ID,进程的个数为:n Process＝cb Needed/sizeof(DWORD)。如果想要获取某个进程的详细情况,必须首先获取这个进程的句柄,调用函数 Open Process,得到进程句柄 h Process:

H Process＝Open Process

(PROCESS_QUERY_INFORMAriON PROCESS_VM_READ,FALSE Ipid Process)

2. Enum Process Modules

这个函数用来枚举进程模块,该函数的声明如下:

BOOL Enum Process Modules(hProcess,&h Module,sizeof(h Module),&cb Needed)

Enum Process Modules 函数带有 4 个参数:h Process 为进程句柄;h Module 为模块句柄数组,该数组的第一个元素对应于这个进程模块的可执行文件;sizeof(h Module)为模块句柄数组的大小(字节);cb Needed 为存储所有模块句柄所需的字节数。

3. Get Module File Name Ex 或 Get Module Base Name

这两个函数分别用来获取模块的全路径名或仅仅是进程可执行的模块名,函数的声明如下:

DWORD Get Module File Name Ex(h Process,h Module,Ip File Name,n Size)

DWORD Get Module Base Name(h Process,h Module,Ip Base Name,n Size)

Get Module File Name Ex 有 4 个参数,分别是:h Process 为进程句柄;h Module 为进程的模块句柄;Ip File Name 存放模块的全路径名,Ip Base Name 存放模块名;n Size 为 Ip File Name 或 Ip Base Name 缓冲区的大小(字符)。

要实现获得系统的所有运行进程和每个运行进程所调用模块的信息,实际上只要使用两重循环,外循环获取系统的所有进程列表,内循环获取每个进程所调用模块列表。

通过上面的流程,就实现了对进程的监测,在具体实践中,系统进程列表每间隔 500 ms 刷新一次,基本满足需求。

(四)层次化多元素融合入侵检测技术

一个入侵检测算法在技术实现方面有很多细节特征。比如检测时间、数据处理的粒度、数据内容和来源、响应方式、数据收集点等,这些特征是区别检测算法的关键。本节主要实现了一种检测时间<1 000 ms、处理粒度为 500 ms 左右、主动响应的检测算法,由于其在实现过程中突出了多安全要素融合的特征和采用分层过滤检测的思想来提高检测效率,故称

为层次化多元素融合入侵检测算法。

本算法是网络入侵监测系统的核心算法,目的是为"网络入侵监测模块"提供一种效率较高、占用系统资源较少、误报率较低、相对可靠实用的检测算法,用作"信息网络安全事件监测及应急处置系统"的前端子系统,主要应用于服务器、堡垒主机等核心主机。这些主机的特点是在拥有一个相对稳定的安全要素状态集,即在正常状态下其进程、端口、注册表系统等安全要素的状态很少变化,对系统文件的修改更少。例如常见的 Web 服务器,在稳定服务的情况下,系统中只有若干事先可以判断认定的进程,只开放若干服务端口,除此之外增加的不明进程、开放的额外端口都可判定为发生入侵攻击行为,系统进入不安全状态。"非我即敌"就是本算法的基本思想,在这种检测思想中,存在的主要问题一个是不能全面掌握安全要素的合理正确的状态,导致对操作的误判,即误报率的问题;另一个是要对捕获的所有安全要素状态数据进行缓存和操作,算法的时空效率问题。

该算法提高效率最有效的手段,就是在正常情况下二层检测模块处于休眠状态,只有在一层检测算法检测到敏感数据而需要进一步对数据进行判定的时候才被激活。

1. 一层检测算法

在实际实现过程中,还有一个敏感状态数据集 M,按不同的安全要素分为 4 个子集,分别是进程敏感状态数据子集 M_p,文件敏感状态数据子集 M_f,注册表敏感状态数据子集 M_r,端口敏感状态数据子集 M_o。CPU 数据和内存数据在一层没有使用。

在一层检测算法中检测到的敏感数据分三级操作:一级,可充分判定为入侵,直接报警。二级,需要激活二层检测模块进行进一步详细判断。三级为记录测试级,是为了研究和测试用。

2. 二层检测算法

首先从输入队列中取出传入的状态数据,然后从中分离出产生该状态信息的进程,即目标进程,再从安全要素状态数据集中取出目标进程的数据子集 S_{pi}。从可信任状态集 P 中取出第一条进程状态描述,$F_i(\{S_j\})$根据输入的状态数据进行判断,如果该条进程状态描述的 S_j 中没有包含输入的状态数据 S,则放弃比较,取下一条进程状态描述;如果该条描述的$\{S_j\}$中含有输入的状态数据,则取出所有的 S_j,检测每一个 S_j 是否都存在于目标进程的数据子集 S_{pi}中且符合 F_i 描述的逻辑关系,如是则判定为安全操作,结束检测;否则继续取下一条 $F_i(\{S_j\})$进行检测。若可信任状态集 P 中的每一条 $F_i(\{S_j\})$均不能证实该输入的状态数据为安全操作,则判定为入侵破坏事件发生,激活通信模块报警,结束二层检测。

二、网关级有害信息过滤及报警系统

研究网关级有害信息过滤及报警系统的目的是对信息系统中的违法有害信息进行监测和过滤,防止这些信息的进一步扩散和传播。

(一)系统结构

网关级有害信息过滤及报警系统是信息安全事件监测与响应平台中监测采集模块中的

子系统第二部分,由网络通信管理模块、网络数据处理模块和系统配置管理模块组成,由系统守护进程对以上 3 个模块的运行状况进行监控。

(二)系统工作描述

系统的工作流程为:首先进行初始化,从配置文件"Device.ini"中获取网络的 IP 信息和设备 ID 号,初始化网络 SOCKET。根据 keyword.txt 文件创建关键字数据链,根据 blacklist.txt 文件创建非法 URL 数据链,将关键字和非法 URL 放入数据链中可使匹配在内存中进行,以提高匹配速度。接着创建数据包捕获、非法 URL 判断、关键字匹配等线程。

数据包捕获程序捕获网络数据报文,对网络协议进行解析,提取网络有效数据。非法 URL 判断程序提取出的 URL 与数据链中的非法 URL 进行比对,决定是否对此 URL 进行过滤操作。关键字匹配程序对提取的网络有效数据进行关键字匹配,形成报警信息包向监测分析模块报送。关键字策略文件、数据包过滤黑名单文件由后台监测分析模块发送至前端监测采集模块。

三、监测与响应中心平台

监测与响应中心平台包括监测分析系统和应急响应系统两大模块,接收前端入侵监测和网关级有害信息过滤及报警等系统的报警,同时也接收电话、电邮等人工报警,对接收到的报警信息进行分析、判断,对其中的信息安全事件进行应急响应和指挥调度。监测与响应中心平台采用 JAVA 2 平台,将 Tomcat 作为 Serlvet 容器和 Web 服务器。为保证系统运行安全,Web 服务器采用了 SSL 通信协议和 IP 地址过滤策略。整套系统采用 B/S 结构,界面用 Dreamweaver 书写,内部逻辑处理采用 java Bean 组件,在 jsp 页面中进行调用。中心平台的后台采用 SQL Server 2000 数据库服务器,报警数据经过一个接口程序上报到数据库中,这个接口程序主要负责接受报警数据、数据库管理和前端升级等功能。数据库查询语句都做了相应优化,使得查询效率更高。

监测与响应中心平台实现的任务主要有两个:一是对前端监测设备传来的行为数据进行正确的判断,判断是不是安全事件并做出适当的响应;二是向系统的运营使用单位,向有关的应急响应部门如通信部门、执法部门、应急响应组织、软件商、媒体等传达监测情况和响应策略。为完成这些任务,监测与响应中心平台系统的主要功能包括响应策略生成、信息查询、策略下发、用户管理、系统维护、情况通报等。响应策略生成程序对前端监测到的数据与知识库进行比较,结合综合数据库中的有关数据,通过推理机推导出相应的响应策略;信息查询提供了对报警信息、有关数据库内容的查询功能,在主页面上显示报警信息情况,当点击详情时显示信息摘要、信息类型和前端设备号等项目;策略下发是下发前端设备需要进行匹配的那些关键字、要过滤的黑名单和前端设备的升级等;用户管理提供系统用户的添加、删除和更新等操作;情况通报是将监测到的安全事件的有关情况和响应策略通过网络或其他通信工具传送到相关的单位和部门。

四、建立信息安全事件监测与响应平台的意义

(一)从整体与管理的角度去考虑信息系统安全问题

虽然大多数信息系统的主管单位都制定了自己的管理措施和应急处理的方案,采用了一些网络安全产品如防火墙、入侵检测系统和防病毒软件,在一定程度上保障了信息网络的安全,但这些系统之间往往缺乏相互联系,有的彼此完全分割,对系统中发生的安全事件如网络攻击事件、信息内容安全事件等缺乏相互沟通和相互交流,这些系统中安全产品的使用也是相互孤立的,每个系统的管理监测都是相对独立的。因此,需要从整体与管理的角度去考虑信息系统安全问题,建立一个信息网络安全事件监测及应急响应平台,统一管理信息安全事件的监测设备,减少重复警报的数量,全面掌握网上安全状况,充分发挥各信息系统安全设备的作用,进一步加强网络安全监管和网络安全秩序的维护。

(二)对信息安全事件的监测和响应是技术措施更是管理措施

信息安全事件通常涉及国家、组织、部门甚至个人,包括:公安、国家安全、国家保密、信息产业、宣传、文化、广电、新闻出版、教育、信息系统主管部门、信息系统运营单位、公民、法人和其他组织等。建立信息安全事件监测与响应平台的一个重要作用就是组织、协调上述有关组织、部门或个人按照各自的职责分工,积极参与、妥善应对信息系统安全事件,通过监测、预警、预控、预防、应急处理、评估、恢复等措施,防止可能发生的安全事件和处理已经发生的事件,达到减少损失、化解风险的目的。

第三节　信息系统安全事件的应急管理

通过信息安全事件监测与应急响应平台,可以对信息系统安全事件进行预警、发现、处置等活动。为更好地管理信息安全事件,充分发挥监测和响应平台的作用,必须采取以下两项管理措施。

第一,制定信息安全事件应急管理预案。信息系统安全事件应急管理预案是被用作应对安全事件的活动指南:对报警信息进行响应;分析判断报警信息是否为信息安全事件;对信息安全事件进行应急管理;总结经验教训并改进管理方法。制定应急预案的目的是阻止安全事件的发生和发展,并在安全事件发生后尽量减少事件造成的损失和影响。

第二,成立信息安全事件响应组织,建立应急联动体系。该组织由与信息安全事件有关的单位、组织或专家组成,如通信管理部门、行业主管部门、宣传部门、司法部门、信息安全专家、行政管理人员等。在这个组织中,具备适当技能且可信的成员组成一个信息安全事件响应组,负责处理与信息安全事件相关的全部工作。

一、信息系统安全事件应急预案

信息系统安全事件应急预案是为降低信息安全事件的危害后果,以信息安全事件的后果预测为依据而预先制定的事件控制和处置方案。制定应急预案的好处是:提高安全保障

水平;降低安全事件所导致的破坏和损失;强调对安全事件的预防;规范安全事件的处理程序;有利于资源的合理利用;增强信息安全意识;等等。

应急预案的制定要讲究科学性,要在调查研究的基础上进行分析论证,要设定应急处置的目标、规程、措施等。应急预案的制定还要有一定的预见性,对本地信息系统的总体状况、可能发生的信息安全事件、事件发生后的可能发展方向等有超前的预见,以保证预案的协调有序、高效严密。应急预案中的所有措施都应该是主动的而不能是被动的,应遵循早发现、早报告、早控制、早解决的原则。应急预案的制定要体现一定的协调性,要保证信息畅通、反应灵敏、快速联动,保证应急联动体系能很好地发挥作用。预案的编制过程要按照编制—实施—评审—演练—修改的模式进行。

(一)预案编制

应急预案规定了行动的具体内容和目标,以及为实现这些目标所做的工作安排。信息安全事件预案的制定应包括以下一些内容。

1. 报警信息的发现报告程序

报警信息的发现报告程序对信息安全事件发生后应当收集哪些信息,如何进行报告等进行规定。

2. 报警信息的评估决策程序

报警信息的评估决策程序规定具体的确认安全事件的方法,进行事件类型和等级判断,确定事件的知晓范围,确定应急响应人员,选择应急响应措施。

3. 应急响应处理程序

应急响应处理程序按事件类型、事件等级以及事件的可控状态规定应采取的工作程序和措施。

4. 事件结束后的评审程序

事件结束后的评审程序确定如何对信息安全事件的经验教训进行总结,确定如何对安全事件监测和响应的整个过程的有效性进行评审,规定所有的监测和响应活动如何进行记录备案等。

5. 情况通报或上报

情况通报或上报规定相关处置过程中是否需要通报和上报以及向谁报告,规定需要向外界通报的内容和范围。

6. 明确授权范围

明确授权范围指参与事件处置的组织或个人的授权范围和责任。

7. 明确动机

明确动机即启动应急响应联动体系的时机。

（二）预案实施

预案编制完成后,要对预案的各个环节进行检查和实施,查找在管理信息安全事件过程中可能出现的潜在缺陷和不足之处。预案的实施包括宣传、培训、演练等,因为对信息安全事件的管理不仅涉及技术问题而且涉及人的问题,参与信息安全事件处理的人员必须熟悉发现、报告、应急响应的所有规程。

（三）预案评审

为保证预案的科学合理以及尽可能与实际情况相符,预案必须经过评审。预案评审的内容主要有预案包含的内容是否全面、应急人员和应急机构的职责是否明确、应急联动体系及运行机制是否可行等。

（四）预案演练

预案与安全事件发生的具体情况是有差距的,在实际应用中可能会有一些意想不到的情况发生。定期或不定期地进行预案的演练可以检验和完善预案。制定好了的应急预案切忌只有文字表述,或者只是应付上级检查,不宣传、不培训、不预演。

（五）预案修改

对预案实施、评审或演练中发现的问题及时进行修改,完善应急预案。

信息安全事件应急响应组织可以结合监测和响应平台的功能制定信息安全事件的应急预案,各相关组织、部门也应制定针对本部门、本系统的信息安全事件应急预案,所有的预案构成一个完整的信息系统安全事件应急预案体系。

二、信息系统安全事件应急联动体系

信息系统安全事件的发生具有以下一些特点。

（1）系统的关联性。信息系统安全事件的发生与系统类型和系统环境有很大的关系,如网络仿冒事件往往是针对网上交易和网上银行的站点,违法有害信息大多出现在互联网数据中心(IDC)出租空间中。

（2）发生的突然性。虽然事件隐患可能早已存在,但事件的真正发生却要有一定的条件激发,这不是系统管理者所能预料和控制的。

（3）影响的广泛性。一是传播快,如互联网上的违法有害信息一出现,马上就可以传遍全球。二是影响深,如网上的谣言可能会在大范围传播并给人们造成很大的心理压力,为社会稳定平添一种不安定因素。

（4）信息不充分。对发动网络攻击者相关信息的收集很难做到及时、充分和准确,因为攻击者可以通过跳板、僵尸网络或新型计算机病毒发动攻击。被攻击的系统是受害者,而其他的许多参与攻击的系统则是被利用者,也是受害者。一旦这些受侵害或受利用系统数量庞大,相关信息就很难进行收集或收集整齐。

由于信息系统安全事件的上述特点,信息系统安全事件发生后往往牵涉多个单位、部门甚至于个人,需要协调多个部门或单位共享安全信息、应对安全事件,以保证应急响应措施能够及时、有效地发挥作用。这些单位或部门包括信息安全事件响应组织、国家行政部门、执法部门等,一般情况下,这种协调既费时又费力,往往会错过最佳处理时机,使事件不能得到及时有效的处置。因此,建立信息系统安全事件应急响应的联动体系是十分必要的。

信息安全事件应急响应联动体系由信息安全事件响应组织负责建立,应急联动指挥中心就设在监测与响应中心平台所在地。这样就可以采用统一的指挥调度系统,统一指挥、协调作战,使不同部门、不同组织之间可以互通互联、信息共享、快速反应、及时配合,避免权责不明、扯皮推诿的现象发生,真正实现信息系统安全事件快速响应的目标,达到维护国家安全和社会稳定、维护社会主义市场经济和社会管理程序以及保护个人、法人和其他组织的人身、财产等合法权利的目的。在应急联动体系中,应急响应指挥中心负责协调指挥工作,相关部门或个人根据指挥中心的调度分别完成各自的工作。

1. 根据信息系统安全事件发生的周期,应急联动体系要具备的功能

(1)预防预警功能。信息系统安全事件管理的原则是以预防发生为主,因此需要做到以下几点:第一,帮助信息系统采取安全管理措施和安全技术措施,如制定安全策略、实行安全等级保护、安装防病毒软件和入侵检测工具等。第二,做好宣传教育工作。教育是最好的防范安全事件的方法。通过教育,一是可以提高危机意识和安全意识,二是可以掌握必要的安全知识和安全技能,三是可以提高对安全事件的敏感度,做到及时发现、及时处置。第三,开展模拟演练。如开展防火、防震演习,网络攻防演习,信息内容安全巡查演习等。第四,做好预警工作。在信息系统中要安装必需的前端探测设备,收集与信息系统安全有关的信息,开展经常性的信息研判。第五,必要的物资准备。

(2)应急响应功能。当信息系统发生安全事件时,应能很快确定事件性质,迅速采取应对措施,设法将事件的影响控制在最小范围内。

(3)善后处理功能。在安全事件结束后,将事件中出现的现象、数据收集和整理好,提高监测能力和响应能力,总结应急联动体系在突发事件状态下管理活动的经验与教训,完善应急管理体系的功能,从而增强未来对事件的防范和抵御能力。

2. 安全事件应急联动体系在工作时,必须遵循的原则

(1)依法原则。信息安全事件应急联动体系通常涉及国家、组织、部门甚至个人,包括公安、国家安全、国家保密、信息产业、宣传、文化、广电、新闻出版、教育、信息系统主管部门、信息系统运营单位,公民、法人和其他组织等,它们在信息安全事件的监测和应急响应中有着不同的职责,如:国家通过制定统一的信息安全法律、规范和技术标准,组织公民、法人和其他组织对信息系统安全事件进行监测和响应;信息安全监管部门按照"分工负责、密切配合"的原则负责监督、检查、指导信息系统主管部门、运营单位按照"谁主管、谁负责;谁运营、谁负责"的原则开展工作,并接受信息安全监管部门的监管。

信息系统中往往含有大量的信息资产或个人隐私,应急联动体系在工作时,必须保证这些资产或隐私不受侵犯,参与应急联动的组织、部门甚至个人在信息安全事件的监测和应急响应中应当严格遵守各自不同的职责,在自己的职责范围内完成联动体系分派的任务,不得超越法律法规所规定的职权范围。

(2)公益原则。应急联动体系的工作是以维护国家安全和社会秩序、公共利益以及公

民、法人和其他组织的合法权益为目标,任何单位或个人不得谋取非法利益。

三、信息系统安全事件应急联动工作机制

应急联动体系在处理信息系统安全事件时,主要是做好以下几项工作。

(一)接警

应急响应指挥中心负责监测接收前端监测设备的报警或接受群众举报,收集有关信息安全报警的信息,并在第一时间将这些异常信息报告给信息安全事件响应组。

(二)分析

信息安全事件响应组织对获取的报警信息进行初步判断,确定是否是信息安全事件,如果是信息安全事件,则立即进行响应,否则按误报处理。

(三)决策

应急响应人员立即对事件的性质和严重程度进行分析判断,然后根据事件的类型和等级确定应急响应等级、决定处理事件的人员、决定通报或报告的范围,最后决定启动哪一种应急方案。

(四)响应

根据应急响应方案,采取相应的处置措施。事件响应是应急处理的核心部分,主要包括以下内容:

(1)根据事件的严重程度和影响程度,向用户或相关部门进行通知或通报。对于事件等级较低、处理比较简单的事件,由监测分析模块直接向用户进行通知。

(2)阻止事件的继续危害。对于高风险、大范围等严重安全事件,立即采取行动遏制事件的进一步发展,如采取关闭系统、切断攻击者的连接、停止特定程序的运行、启动安全防御系统等措施;对于低风险、小范围的不太严重的安全事件,则可提供相关的技术支持,采取局部响应措施。目标是阻止事态的扩大和蔓延。

(3)修复受损系统。通过应用针对已知脆弱性的补丁或易遭受破坏的要素,将受影响的系统、服务或网络恢复到安全运行状态,包括软硬件系统的恢复和数据恢复。

(4)进一步调查,确定事件原因和其他详细信息。对身份认证系统、访问控制系统、入侵检测系统、安全审计系统等安全部件的日志及其他安全信息进行检查,同时维护相关的日志记录,用于事后调查、司法取证或事件重现。

(五)善后

在信息安全事件结束后,继续跟踪系统恢复以后的安全状况;对事件产生的影响和响应效果进行评估;评审和总结信息安全事件的经验教训并形成文件;制定加强和改进信息系统安全方案;改进管理措施和管理方案;更新和改进监测与响应平台的有关数据库或算法;向公众或用户发布信息,向上级进行报告。必要时,进入司法程序,进行进一步的调查取证,对违法犯罪行为进行打击。对外发布的信息内容包括:硬件设备、操作系统、应用程序、协议的安全漏洞、安全隐患及攻击手法;系统的安全补丁、升级版本或解决方案;病毒、蠕虫程序的

描述、特征及解决方法;安全系统、安全产品、安全技术的介绍、评测及升级;其他安全相关信息。

　　信息系统安全事件的管理工作涉及的有关部门和个人要按照上述应急联动体系的要求,根据信息安全事件预案制定的内容,严格遵照应急联动工作机制所规定的程序和步骤,有条不紊地做好信息安全事件的应急响应工作,将事件的损害和影响减少到最小。

参 考 文 献

[1] 郭达伟,张胜兵,张隽.计算机网络[M].西安:西北大学出版社,2019.

[2] 汪军,严楠.计算机网络[M].北京:科学出版社,2019.

[3] 刘阳,王蒙蒙.计算机网络[M].北京:北京理工大学出版社,2019.

[4] 李剑.计算机网络安全[M].北京:机械工业出版社,2019.

[5] 张继成.计算机网络技术[M].北京:中国铁道出版社,2019.

[6] 于彦峰.计算机网络与通信[M].成都:西南交通大学出版社,2019.

[7] 董倩,李广琴,张惠杰.计算机网络技术及应用[M].成都:电子科技大学出版社,2019.

[8] 蔡京玫,宋文官.计算机网络基础[M].北京:中国铁道出版社,2019.

[9] 王艳柏,侯晓磊,龚建锋.计算机网络安全技术[M].成都:电子科技大学出版社,2019.

[10] 陈立岩,刘亮,徐健.计算机网络技术[M].成都:电子科技大学出版社,2019.

[11] 梅创社.计算机网络技术[M].北京:北京理工大学出版社,2019.

[12] 王海晖,葛杰,何小平.计算机网络安全[M].上海:上海交通大学出版社,2019.

[13] 常会丽.计算机网络基础[M].哈尔滨:哈尔滨工程大学出版社,2019.

[14] 乔寿合,付海娟,韩启凤.计算机网络技术[M].北京:北京理工大学出版社,2019.

[15] 卢晓丽,于洋.计算机网络基础与实践[M].北京:北京理工大学出版社,2019.

[16] 刘桂开.计算机网络设计与实现[M].北京:北京邮电大学出版社,2019.

[17] 刘姝辰.计算机网络技术研究[M].北京:中国商务出版社,2019.

[18] 杨斯博.计算机网络实验教程[M].天津:天津大学出版社,2019.

[19] 秦燊.计算机网络安全防护技术[M].西安:西安电子科技大学出版社,2019.

[20] 张媛,贾晓霞.计算机网络安全与防御策略[M].天津:天津科学技术出版社,2019.

[21] 刘帅奇.通信与电子信息工程专业导论[M].北京:清华大学出版社,2020.

[22] 孙娟,陈宏,陈圣江.电子信息技术与电气工程研究[M].北京:原子能出版社,2020.

[23] 黄松,胡薇,殷小贡.电子工艺基础与实训[M].武汉:华中科技大学出版社,2020.

[24] 石硕,顾术实.信息理论与编码技术[M].哈尔滨:哈尔滨工业大学出版社,2020.

[25] 赵雅琴,候成宇,陈浩.通信电子线路[M].哈尔滨:哈尔滨工业大学出版社,2020.

[26] 李海东,许志强,邱学军.信息资源检索与利用[M].北京:中国铁道出版社,2020.

[27] 张振海,张振山,李科杰.信息获取技术[M].北京:北京理工大学出版社,2020.

[28] 张增林.电子技术应用与实践[M].北京:北京工业大学出版社,2020.